JN216938

確率がわかる

豊富な例題と図解で、基本からやさしく解説！
集合からていねいに勉強したい人に最適！

小泉力一 著

技術評論社

はじめに

確率はわれわれの日常生活に密着したもっとも身近な数学といえます。降水確率、受験の際の合格率、宝くじの当たる確率、競馬の勝率、バッターの打率等々、“率”が付く言葉の多くに確率の考え方が生きています。実際、確率の歴史はその母体となる数学の歴史と比べるとはるかに浅く、たかだか数百年前に“ギャンブル”という世俗的な文化から生まれたものだといわれています。逆にいえば、それまでの賭け事は“計算抜き”の直感的な勝負事であったということで、勝敗の可能性に数学という手段で科学的なアプローチを試みたのが確率の始まりだといえます。現代では、数学的合理性に裏打ちされた確率は、インターネットから得られるビッグデータ等の解析に欠かせない統計学の基礎概念として重要視されていることはいうまでもありません。

本書は、シリーズのタイトルである「ファーストブック」ということを念頭に、学生時代に学んだ確率を忘れてしまった読者、あるいは、確率そのものをきちんと学んだことのない読者などを対象に、できるだけていねいな説明を心がけて著しました。このため、若干厳密性を欠く表現や、数学的な証明を省略した部分が少なくありません。その点については、他書あるいはインターネットから得られる情報で補っていただきたいと思います。

確率を理解する上で集合の考え方は避けて通れません。確率で用いる表記方法は集合のそれと多くの共通部分があります。また、集合に含まれる要素の数を数えることは、確率計算に必須の手続きであり、場合の数を数えるという作業の基礎となります。その際に役立つのが、順列や組合せの考え方で、特に樹形図という手段が有効です。これらの基本的な部分はできるだけ事例を多く挙げてわかりやすく説明することに努めました。

一方、高校までの確率では“事前確率”と呼ばれるものを中心に扱っています。本書では、条件付き確率の応用として「ベイズの定理」を紹介し、“事後確率”について深堀りしています。事後確率は“原因の確率”とも呼ばれていて、事故の原因となった確率を計算したり、判定結果の信頼性を測ったりする際に利用されます。また、“迷惑メール”に悩まされている読者も少なくないと思いますが、これを除去する「スパムメールフィルタ」という機能にも利用されている場合があります。このような事例を通して、確率がわれわれの身近なところで活用されていることを実感してもらうよう努めました。

読者のみなさんが身近な問題を解決する際に、確率が合理的な判断の一助となり得ることを理解していただければ幸いです。

2017年3月　著者

Contents

はじめに 3

第1章 集合 ～場合分けの基礎～ 9

1-1 “起こりやすさ”を測る 10
●確率とは 10
●数学的確率と統計的確率 10
●大数の法則 12

1-2 場合の数と集合の考え方 13
●場合の数 13
●全事象と部分事象、根元事象 13
●集合 15
●集合を表す方法 15

1-3 集合同士の関係と演算 16
●部分集合 16
●和集合と共通部分 17
●空集合 18

1-4 補集合とド・モルガンの法則 19
●全体集合と補集合 19
●ド・モルガンの法則 20

1-5 集合の要素の数 23
●集合の要素の個数を求める 23
●集合族とベキ集合 25

1-6 樹形図を活用する 28

1-7 「または」や「かつ」の場合の数え方 31
●「または」が入る場合の計算 31
●「かつ」が入る場合の計算 32
●「または」と「かつ」で表現された場合の数 33

第2章 場合の数　～確率計算の基本～ ……35

2-1 並べ方を数える(順列の数) ……36
- ●順列の数 ……36
- ●重複順列の数 ……40

2-2 組合せ方を数える(組合せの数) ……41
- ●組合せの数 ……41

2-3 ビックリするほど大きな値になる「階乗」 ……44
- ●階乗の記号「!」 ……44
- ●順列や組合せの数の階乗による表現 ……45
- ●組合せの数の計算と約分 ……46
- ●順列を分解して考える ……47
- ●約数の問題への応用 ……48

2-4 円順列とじゅず順列 ……51
- ●円順列の数 ……51
- ●じゅず順列の数 ……53

2-5 同種類のものを含む順列 ……56
- ●同種類のものをあえて区別して考える ……56
- ●詰め合わせの数 ……59
- ●詰め合わせの考え方の応用 ……60
- ●経路の数え方 ……61
- ●“残りもの”に目をつける ……62
- ●パスワードの数 ……63

2-6 部屋割りの方法 ……64
- ●順列を利用した部屋割り問題の解法 ……64

2-7 図形への応用 ……67
- ●平行四辺形の数 ……67
- ●三角形の数 ……68

2-8 二項定理とパスカルの三角形 ……70
- ●二項係数とパスカルの三角形 ……70
- ●二項定理 ……74

2-9 多項定理 ……76
- ●3つ以上の項のある展開式 ……76

第3章 確率　～確からしさの計算～

第3章 確率　～確からしさの計算～ …… 79
3-1 確率の基本的な考え方 …… 80
●数学的確率 …… 80
3-2 確率の計算の実際 …… 81
●特定の2人が選ばれる確率 …… 81
●3桁の奇数ができる確率 …… 81
●ナンバーズ3の確率 …… 82
●ポーカーの役の確率 …… 83
3-3 和事象と積事象 …… 85
●和事象と積事象の確率 …… 85
●余事象の確率 …… 86
3-4 和事象と加法定理 …… 90
●排反事象と加法定理 …… 90
●いずれかの賞が当たる確率 …… 91
3-5 積事象と乗法定理 …… 92
●条件付き確率と乗法定理 …… 92
●すべて命中させる確率 …… 95
3-6 余事象に注目した確率の計算 …… 96
●"以外"という表現のある事象の確率計算 …… 96
●結果の数が少ない方に目を付けた確率計算 …… 97
●"少なくとも"という表現のある事象の確率計算 …… 98
●同じ誕生日の生徒がいる確率 …… 100
●ごく小さな確率を計算する場合の工夫 …… 101
3-7 独立試行の確率 …… 103
●試行の結果が他の事象に影響しない場合の確率 …… 103
●入試に合格する確率 …… 104
3-8 反復試行の確率 …… 106
●同じ試行を繰り返す場合の確率 …… 106
●当てずっぽうに解答して正解する確率 …… 107
●2人によるコイン投げの確率 …… 109
●サイコロで進む方向を選ぶ試行の確率 …… 110

3-9 ジャンケンの確率 …… 112
●2人でジャンケンをする場合の確率 …… 112
●3人ジャンケンで勝者が1回で決まる確率 …… 114
●n人ジャンケンで勝者が1回で決まる確率 …… 114
●ジャンケンで特定の1人が勝つ確率 …… 115

第4章 ベイズの定理 ～条件付き確率の応用～ …… 117
4-1 条件付き確率の考え方 …… 118
●くじ引きの公平性 …… 118
●モンティ・ホールの問題 …… 120
●返事を聞いて住人を当てる …… 122
4-2 原因の確率を求める …… 123
●帽子を忘れたことに気付いた時点での確率 …… 123
●事前確率と事後確率 …… 127
4-3 ベイズの定理 …… 129
●取り出した玉の色から選ばれた袋を予想する …… 129
●ベイズの定理の定式化 …… 134
●事故の原因になった確率を求める …… 135
●いかさまサイコロを特定する …… 136
4-4 判定の信頼性 …… 139
●検査結果の信頼性 …… 139
●占い師の言った通りになる確率 …… 141
●「スミス氏の子供」問題 …… 144
4-5 スパムメールフィルタ …… 146
●ベイジアンフィルタ …… 146
●迷惑メール判定の手順 …… 147
4-6 くじ引きの公平性と「ポリアの壺」問題 …… 151
●(続)くじ引きの公平性 …… 151
●「ポリアの壺」問題 …… 152

第5章 確率分布　～統計への入り口～ …… 155
5-1 平均値と確率変数 …… 156
●平均値の意味 …… 156
●確率変数 …… 158
5-2 平均値の効用 …… 159
●代表値としての平均値 …… 159
●待ち時間の平均値 …… 160
●サイコロゲームの期待金額 …… 163
5-3 確率変数と確率分布 …… 164
●確率分布 …… 164
●二項分布 …… 166
●「ゴルトン盤」による二項分布のシミュレーション …… 167
5-4 確率変数の分散と標準偏差 …… 169
●集団のばらつきをとらえる散布度 …… 169
●分散や標準偏差でばらつきを比較する …… 171
5-5 正規分布 …… 173
●度数分布表とヒストグラム …… 173
●正規分布 …… 174
●標準正規分布表 …… 176
●全体の中の位置を推測する …… 179
5-6 二項分布の正規近似 …… 184
●反復試行の回数を増やす …… 184
●発芽率を推測する …… 187
●確率は統計の基礎 …… 188

索引 …… 189

第1章

集合
～場合分けの基礎～

集合は数学の基本的な概念のひとつで、確率を学ぶ上では欠かせない要素です。ここでは、複数の集合から「**和集合**」や「**共通部分**」など新たな集合を作る操作や、その集合に属さない要素から成る「**補集合**」などについて学びます。また、これらに関連して「**ド・モルガンの法則**」を理解し、集合に含まれる要素の数を効率的に数える方法や、次章で必要となる場合の数を数える場面で便利な「**樹形図**」の考え方などを学びます。

1-1 “起こりやすさ”を測る

確率とは

確率は英語で「probability」といいます。「**起こりそうな**」という意味の形容詞「probable」の名詞形です。つまり、「起こりやすさ」の“程度”を数値にして表したものが確率です。

例えば、「優勝は“五分五分”だな」といった場合、10のうち「5という割合で優勝しそうだ」、一方で「5の割合で優勝しなさそうだ」ということを表現しています。つまり、起こりやすさの程度を、“**全体に対する部分の割合**”で表したものが確率です。通常、確率を数値で表す場合は、0から1の数値を用います。先ほどの“五分五分”の場合は、起こる確率が0.5ということになります。

数学的確率と統計的確率

確率は、0以上1以下の値で単位を付けずに表現するほかに、100倍して単位を「%」にした百分率で表現する方法もあります。「芽の出る確率は60%だろう」などがその例で、この場合は、「発芽する確率が0.6だろう」ということを「%」という単位で表現しています。

ちなみに、確率が0ということは絶対に起こらないことを意味し、逆に、確率が1ということは必ず起こることを意味します。例えば、サイコロ（特に断らない限り、本書では正常なサイコロを対象にします）を投げて7の目の出る確率は0ですが、6以下の目の出る確率は1です。

▲図1-1-1　7の目がでる確率は0

サイコロを1回投げたとき、「3の倍数の目」が出る起こりやすさは$\frac{1}{3}$です。この値は小数で表すと0.333…と、限りなく3が続く小数（無限循環小数と呼びます）になってしまうので、分数のまま計算することが一般的です。

この数値の根拠は、目の出方が、1から6までの6通りで、そのうち3の倍数の目は3と6の2通りしかないので、「6通りのうちの2通り」ということで$\frac{2}{6}$、すなわち$\frac{1}{3}$ということによります。

このように、「計算」によって理論的に求めることができる確率を「**数学的確率**」（あるいは、「**理論的確率**」）と呼びます。

一方、男子が産まれる確率は、女子が産まれる確率より少しだけ大きいといわれています。

父親から与えられるX染色体とY染色体の可能性を同じとすれば、母親からはX染色体しか与えられないので、XXの組合せとXYの組合せが発生する割合は理論上、同じです。したがって、遺伝子の組合せとしては女子と男子の産まれる割合は同じはずですが、実際はいろいろな要因により、男子より女子の産まれる確率が少しだけ大きいらしいのです。

一般的な出生率は長い年月をかけて女子と男子の出生数を記録して得られた結果で、理論的に求めたものではありません。このように、「記録」によって経験的に求めた確率を「**統計的確率**」（あるいは「**経験的確率**」）と呼びます。

ちなみに、なんらかの細工を施して特定の目が出やすくしたサイコロ（いわゆる“いかさまサイコロ”）の場合は、それぞれの目の出方を理論的に求めることは容易ではありません。力学などを駆使すれば理論的に求めることができるのでしょうが、このようなサイコロの目の出方の確率は、繰り返し投げて得られる結果の記録から統計的確率として求めるのです。

いずれの確率も、「起こりやすさ」を数値で示したものですが、求め方の違いにより、数学的確率や統計的確率といった名前が付けられます。本書ではおもに数学的確率、つまり理論的に計算で求められる確率を扱うことにします。

大数の法則

例えば、5回のコイン投げをするとき、毎回の結果は予測することができません。表が連続して5回出ることもあれば、表と裏がきちんと交互に出ることもあるでしょう。

数学的確率では、実際の実験をせずに、表と裏の出る可能性は同じであると見なして、「表の出る確率は毎回0.5」であると仮定します。

一方、統計的確率では、何回もコインを投げて、表の出た回数を投げた総回数で割った結果をこまめに記録し、その結果がしだいに近づく値を予測します。繰り返す回数を多くしていくと、この結果は一定の値に近づく性質があり、これを「**大数の法則**」（law of large numbers）といいます。つまり。実験を限りなく繰り返していくと、理論的に求めた確率の値に近づくということです。

1-2 場合の数と集合の考え方

場合の数

数学的確率は理論的に計算で求める確率ですから、計算の根拠を明確にしなくてはなりません。つまり、「全体に対する部分の割合」として確率を求めるのであれば、全体にはいくつの“**場合**”が考えられ、その中で、着目している場合がいくつあるかということを明らかにする必要があります。

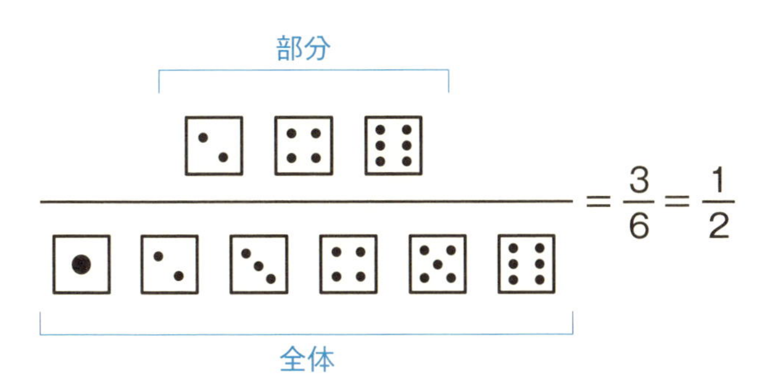

▲図1-2-1　確率は「全体に対する部分」の割合

全事象と部分事象、根元事象

例えば、サイコロの場合は、1、2、3、4、5、6という6通りの目の出方が“**全体**”にあたります。これを次のように略記します。

$\{1, 2, 3, 4, 5, 6\}$

ちなみに、サイコロの目の出方など、“起こることがら”のことを「**事象**」と呼び、この場合は6つの事象が考えられるということです。また、起こりうる事象のすべてを集めたものを「**全事象**」と呼び「U」で表します。

この場合は次のようになります。

U＝{1, 2, 3, 4, 5, 6}

3の倍数の目が出るという事象は{3, 6}と表せます。このように、全事象の一部分にあたる事象を「**部分事象**」と呼びます。特に、{1}や{2}のように、これ以上分けることのできない部分事象を「**根元事象**」と呼んでいます。この例では、{1}、{2}、{3}、{4}、{5}、{6}が根元事象です。

事象という言葉を使って確率を定義すれば次のようになります。

事象Aに属する根元事象の数をn、全事象Uに属する根元事象の数をmとしたとき、$\frac{n}{m}$を事象Aの確率という。

先のサイコロの例では、全事象に含まれる根元事象の数は$m=6$、3の倍数の目が出るという根元事象は、{3}、{6}なので$n=2$となり、求める確率は$\frac{2}{6}=\frac{1}{3}$となります。

(例題)

2つのサイコロを振ったとき次の事象の数を求めてみましょう。

(1) 全事象Uに含まれる根元事象。

(2) 目の和が4以下になるという事象Aに含まれる根元事象。

(解答)

(1) 2つのサイコロは、見かけは区別できなくても、サイコロそのものは異なるものなので区別する必要があります。2つのサイコロの目の出方を(1, 2)のように表してみましょう。ここで、2つのサイコロは区別しているので、「(1, 2)と(2, 1)は異なる」ということに注意してください。このとき、全事象は次のような36個の根元事象から成ることが分かります。

$$\{(1,\ 1)\},\ \{(1,\ 2)\},\ \{(1,\ 3)\},\ \cdots,\ \{(6,\ 5)\},\ \{(6,\ 6)\}$$

(2) 目の和が4以下になる出方を集めると、$A=\{(1, 1), (1, 2), (1, 3), (2, 1), (2, 2), (3, 1)\}$なので、根元事象の数は6個です。**(解答了)**

集合

根元事象の数を数えるには、数学の基本である「**集合**」(set) の考え方を理解しておく必要があります。集合は、そこに属するか属さないかが明確な“**ものの集まり**”です。例えば、「背が高い人の集まり」は、“背が高い”が明確でないので集合ではありません。「身長190cm以上の人の集まり」ならば集合です。

集合は一般的に大文字のアルファベット（A、B、Cなど）で表します。集合に属する“もの”を「**要素**」(あるいは、「**元（げん）**」) と呼び、小文字のアルファベット（a、b、cなど）で表すことが一般的です。

例えば、「aが集合Aの要素」である場合、「$a \in A$」あるいは「$A \ni a$」と表します。また、「要素bが集合Aに属さない」場合、「$b \notin A$」あるいは「$A \not\ni b$」と表します。ちなみに、要素は「element」の和訳で、「$\in$」はその頭文字「E」の形から連想できますね。

集合を表す方法

集合を表す方法には、そこに属する要素をすべて列挙する方法と、属する要素の条件を正確に明示する方法があります。例えば、「15の正の約数の集合」をAとすれば、次のような2通りの表し方があります。

$$A = \{1,\ 3,\ 5,\ 15\}$$
$$A = \{x \mid x\text{は15の正の約数}\}$$

ちなみに、前者を「**外延的記法**」、後者を「**内包的記法**」と呼ぶこともあります。

1-3 集合同士の関係と演算

部分集合

「集合Aの要素は必ず集合Bの要素である」が成立しているとき、AはBの「**部分集合**」であるといいます。図1−3−1のような概念図を「ベン図」(Venn diagram)といいます。このとき、「$A \subseteqq B$」あるいは「$B \supseteqq A$」と表します。つまり、次の論理式で表される条件が成り立つということです。

$$x \in A \Rightarrow x \in B$$

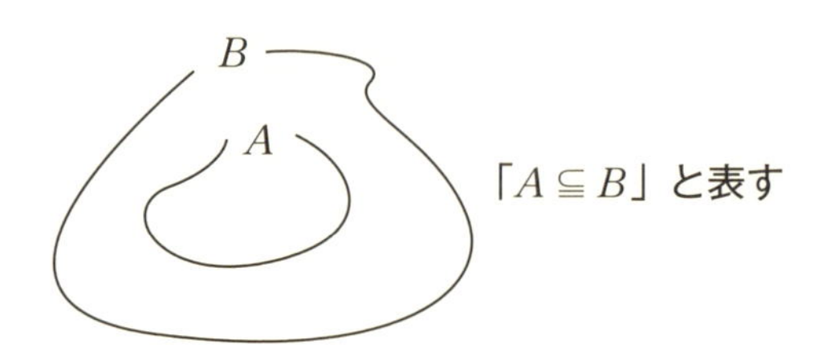

▲図1-3-1　集合Aは集合Bの部分集合

例えば、6の倍数から成る集合Aは、3の倍数から成る集合Bの部分集合です。なぜなら、$x \in A$ならxは6の倍数なので、なんらかの整数nを用いて「$x = 6n$」と表せます。「$6n = 3 \times (2n)$」と表せるので「$x = 3 \times (2n)$」と表され、xは3の倍数となり、$x \in B$が成り立つからです。

この場合、9はBに属するがAには属しません。このように、Bに属するがAには属さないという要素が1つでもある場合、AはBの「**真部分集合**」といい、「$A \subset B$」あるいは「$B \supset A$」と表します。記号の下に等号「=」が入っていないことに注意してください。不等号「≦」と「<」の違いによく似ています。例えば$3 \leqq 3$は正しいですが、$3 < 3$は正しくありません。

ちなみに、次の論理式は常に成り立つので、「AはAの部分集合」です。

$$x \in A \Rightarrow x \in A$$

つまり、「$\subset$」あるいは「$=$」のいずれかが成り立つ場合に「$\subseteqq$」が使われます。このため、「$A \subseteqq A$」は正しいですが「$A \subset A$」は正しくありません。

3つの集合A、B、Cについて、「$A \subseteqq B$」かつ「$B \subseteqq C$」ならば「$A \subseteqq C$」が成り立ちます。この場合、「$A \subseteqq B \subseteqq C$」と表すこともあります。

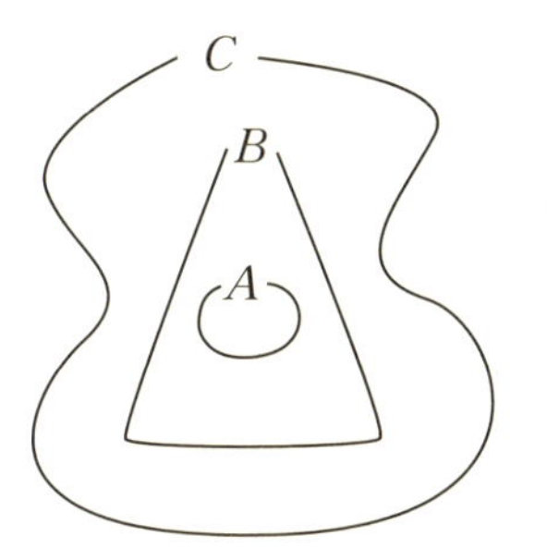

▲図1-3-2　図で表すとA、B、Cが“入れ子状”になる

和集合と共通部分

2つの集合A,Bから「**和集合**」と呼ばれる新しい集合を作ることができます。これは、Aの要素とBの要素を全部集めたものから成る集合で「$A \cup B$」あるいは「$B \cup A$」で表します。「$\cup$」は“カップ”のような形をしているので、「$A \cup B$」を「エー・カップ・ビー」と呼ぶことがあります。

例えば、$A=\{$サル, 犬, キジ$\}$、$B=\{$うす, ハチ, かに, サル$\}$なら次のようになります。

$$A \cup B=\{サル, 犬, キジ, うす, ハチ, かに\}$$

ここでAとBいずれにも属する要素は1つとカウントします。

一方、AとBの両方に属する要素だけから成る集合を「**共通部分**」と呼び「$A \cap B$」あるいは「$B \cap A$」で表します。「$\cap$」は“キャップ”(帽子)のような形をしているので、「$A \cap B$」を「エー・キャップ・ビー」と呼ぶことがあります。

先の例では、次のようになります。

$$A \cap B=\{サル\}$$

空集合

2つの集合AとBの両方に属する要素が1つもないとき、$A \cap B$は要素を持ちませんが集合と見なします。便宜上、このように“要素が1つもない集合”を「**空（くう）集合**」と呼び「φ」（φはギリシャ文字で「ファイ」と呼びます）で表します。つまり、要素を表す方法で書けば次のようになります。

$$\varphi = \{\ \ \}$$

例えば、$A = \{1, 3, 5\}$で$B = \{2, 4, 6\}$であれば、$A \cap B = \varphi$です。

一般的に、$A \cap B \subseteqq A \cup B$が成り立つことは明らかですが、$A \cap B = A \cup B$が成り立つ場合はどのようなことがいえるでしょう。結論からいえば、$A = B$が成り立つのですが、それを論理的に証明してみましょう。

$$A \cap B = A \cup B \Rightarrow A = B$$

（証明）

$x \in A$ならば$x \in A \cup B$です。

$A \cap B = A \cup B$なので$x \in A \cap B$です。

よって、$x \in B$です。

以上から、$x \in A$ならば$x \in B$が示せたので$A \subseteqq B$が成り立ちます。

同様にして、$x \in B$ならば$x \in A$が示せるので$B \subseteqq A$が成り立ちます。

$A \subseteqq B$と$B \subseteqq A$が示せたので$A = B$であることがいえます。**（証明了）**

1-4 補集合とド・モルガンの法則

全体集合と補集合

複数の集合を扱うとき、それらをどのような“範囲”で考えるかを明確にする必要があります。

例えば、「女性の集合」といったとき、日本に限って考えるのか、全世界に広げて考えるのかを明確にしなくてはならない場合があります。

このようなとき、「**全体集合**」(universal set) という集合を設定し、対象とする集合はすべてその部分集合になっていると考えます。全体集合は通常「U」で表しますが、「Ω」(Ωはギリシャ文字で「オメガ」と呼びます) で表す場合もあります。

全体集合Uの要素で、集合Aに属さない要素から成る集合をAの「**補集合**」と呼び、「$\overline{A}$」で表します。補集合は英語で「complement」というので、「A^{C}」で表すこともあります。

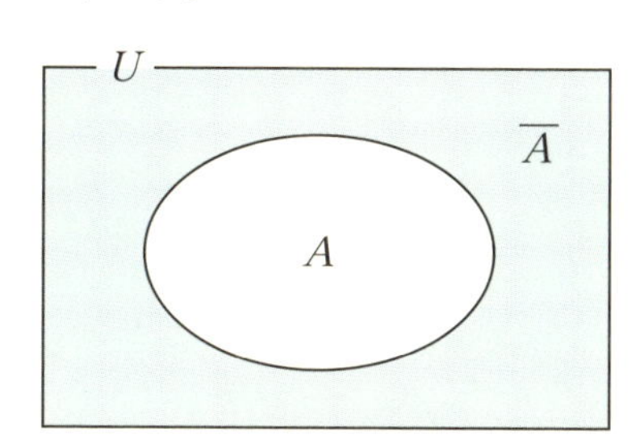

▲図1-4-1 全体集合と補集合のイメージ

補集合の定義から、次の事実は容易に理解できるでしょう。

・$A \cup \overline{A} = U$

全体集合Uは集合Aの要素とAの補集合の要素で構成される。

・$A \cap \overline{A} = \varphi$

集合AとAの補集合のいずれにも属する要素は存在しない。

・$\overline{(\overline{A})} = A$

Aの補集合$\overline{A}$に着目して考えると、その補集合はA自身である。

ド・モルガンの法則

ここで、2つの集合A、Bの和集合$A \cup B$や、共通部分$A \cap B$の補集合について考えてみます。一般的に、「**ド・モルガンの法則**」（De Morgan's laws）と呼ばれる次のような等式が成り立ちます。

・$\overline{A \cup B} = \overline{A} \cap \overline{B}$

「和集合上のバーがちぎれると、A、Bそれぞれにバーがかかり、間にある記号がひっくり返って補集合同士の共通部分になる」と覚えるとよいでしょう。

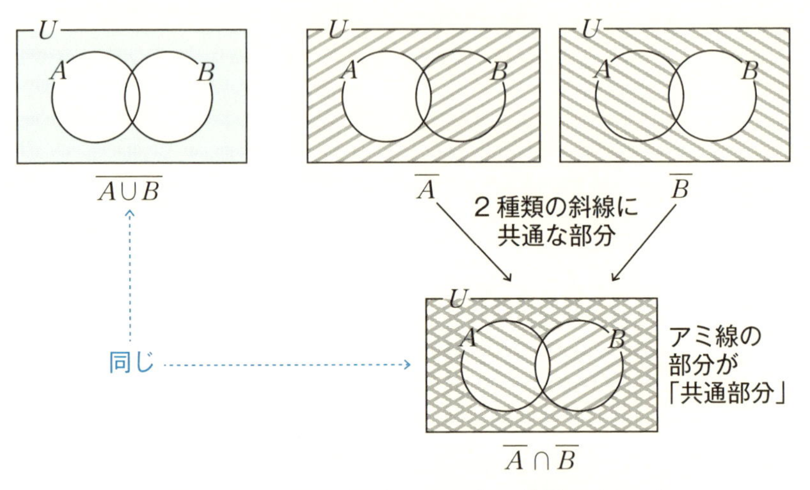

▲図1-4-2　ベン図によるド・モルガンの法則のイメージ

・$\overline{A \cap B} = \overline{A} \cup \overline{B}$

「共通部分上のバーがちぎれると、A、Bそれぞれにバーがかかり、間にある記号がひっくり返って補集合同士の和集合になる」と覚えるとよいでしょう。

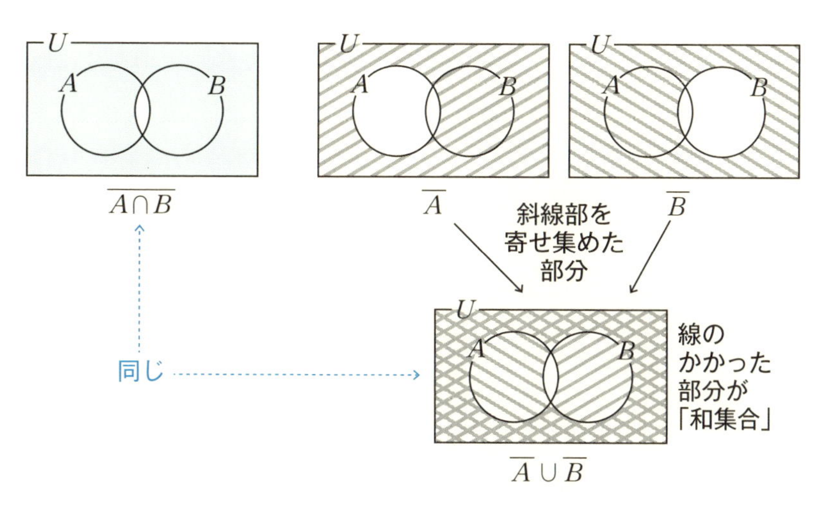

▲図1-4-3　ベン図によるド・モルガンの法則のイメージ（続）

ここで、ド・モルガンの法則を論理的に証明してみましょう。

$$\overline{A \cup B} = \overline{A} \cap \overline{B}$$

（証明）

ここで、両辺の集合が同じものであることを示すために、次の2つのことを示します。

① $\overline{A \cup B} \subseteqq \overline{A} \cap \overline{B}$

これを示すには、「$x \in \overline{A \cup B} \Rightarrow x \in \overline{A} \cap \overline{B}$」を示します。

② $\overline{A} \cap \overline{B} \subseteqq x \in \overline{A \cup B}$

これを示すには、「$x \in \overline{A} \cap \overline{B} \Rightarrow x \in \overline{A \cup B}$」を示します。

まず、①についてです。

$$
\begin{aligned}
x \in \overline{A \cup B} \quad &\Rightarrow \quad x\text{は}A \cup B\text{に属さない} \\
&\Rightarrow \quad x\text{は}A\text{にも}B\text{にも属さない} \\
&\Rightarrow \quad x\text{は}A\text{に属さない}\quad\text{かつ}\quad x\text{は}B\text{に属さない} \\
&\Rightarrow \quad x\text{は}\overline{A}\text{に属する}\quad\text{かつ}\quad x\text{は}\overline{B}\text{属する} \\
&\Rightarrow \quad x \in \overline{A} \quad\text{かつ}\quad x \in \overline{B} \\
&\Rightarrow \quad x \in \overline{A} \cap \overline{B}
\end{aligned}
$$

次に、②についてです。

$$
\begin{aligned}
x \in \overline{A} \cap \overline{B} \quad &\Rightarrow \quad x\text{は}\overline{A}\text{に属する}\quad\text{かつ}\quad x\text{は}\overline{B}\text{に属する} \\
&\Rightarrow \quad x\text{は}A\text{に属さない}\quad\text{かつ}\quad x\text{は}B\text{に属さない} \\
&\Rightarrow \quad x\text{は}A\text{にも}B\text{にも属さない} \\
&\Rightarrow \quad x\text{は}A \cup B\text{に属さない} \\
&\Rightarrow \quad x \in \overline{A \cup B}
\end{aligned}
$$

以上で、「$\overline{A \cup B} = \overline{A} \cap \overline{B}$」が示されました。**(証明了)**

同様にして「$\overline{A \cap B} = \overline{A} \cup \overline{B}$」も証明することができます。

図1−4−2と図1−4−3を見ればド・モルガンの法則は一目で理解できますが、すべての集合がこの図のように単純な関係に表せるとは限らないので、本来は論理式を用いた証明が必要です。

一般に、命題を否定すると「または」は「かつ」に変化し、「かつ」は「または」に変化します。補集合を作るということは、集合の要素の条件を否定することなので、「または」と「かつ」という表現が入れ替わるのです。例えば、天気について「雨　**または**　曇り」を否定すると、「雨でない　**かつ**　曇りでない」となります。また、「金持ち　**かつ**　イケメン」を否定すると、「金持ちでない　**または**　イケメンでない」となります。くれぐれも、「金持ちでもイケメンでもない」にはならないことに注意してください。

1-5 集合の要素の数

集合の要素の個数を求める

集合の要素の数が有限の場合、すなわち、要素の個数を数え上げられる場合、それを「**有限集合**」といい、そうでないものを「**無限集合**」といいます。本書では特に断りのない限り有限集合を扱うことにします。

集合Aの要素の個数を次のように表します。

$$n(A)$$

2つの集合A、Bについて次の式が成り立ちます。

公式 $n(A \cup B) = n(A) + n(B) - n(A \cap B)$

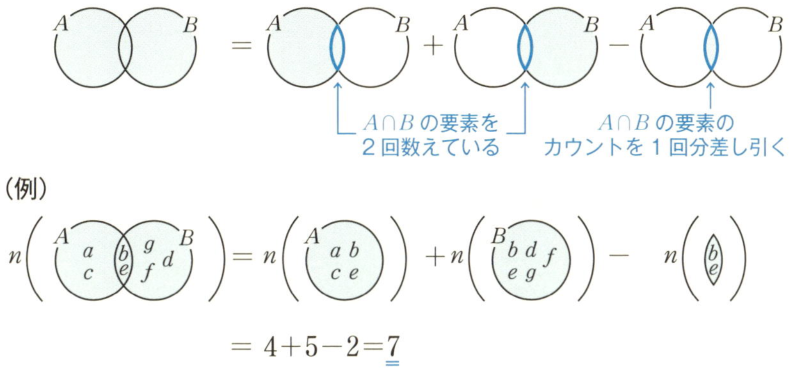

（例）

$= 4+5-2=7$

▲図1-5-1　2つの集合の和集合の要素の個数を求める

これは、Aの要素の個数とBの要素の個数を加えた結果には、$A \cap B$の要素が2回カウントされているので、その分を差し引けば$A \cup B$の要素の個数が求められるということから容易に理解できるでしょう。

ちなみに、$A \cap B = \varphi$であるとき、AとBは「**互いに素**」であるといいます。このとき$n(A \cap B)=0$なので、先の等式から次の式が得られます。

公式 $n(A \cup B) = n(A) + n(B)$ （$A \cap B = \varphi$ のとき）

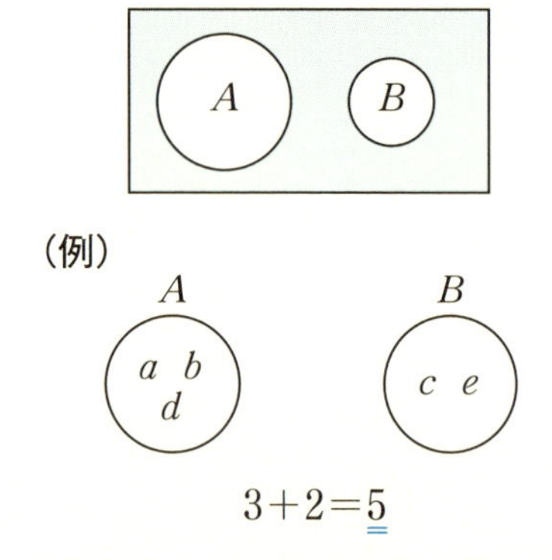

▲図1-5-2　AとBが互いに素の場合は個々の要素の個数を足す

例えば、クラスでスマホを持っている生徒が30名、ガラケー（フューチャーフォン）を持っている生徒が5名、両方持っている生徒が3名いるなら、スマホかガラケーのいずれかを持っている生徒は次の式で得られます。

$30 + 5 - 3 = 32$（名）

前述の式は、変形して次のようにして使うこともあります。

公式 $n(A \cap B) = n(A) + n(B) - n(A \cup B)$

ちなみに、集合が3つあった場合は、次の式が成り立ちます。

公式 $$n(A \cup B \cup C) = n(A) + n(B) + n(C) - n(A \cap B) - n(B \cap C) - n(C \cap A) + n(A \cap B \cap C)$$

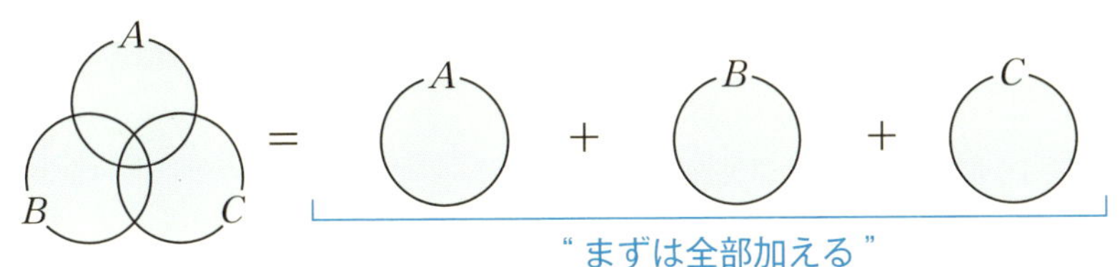

“まずは全部加える”
（$A \cap B \cap C$の△部分を3回カウントしている）

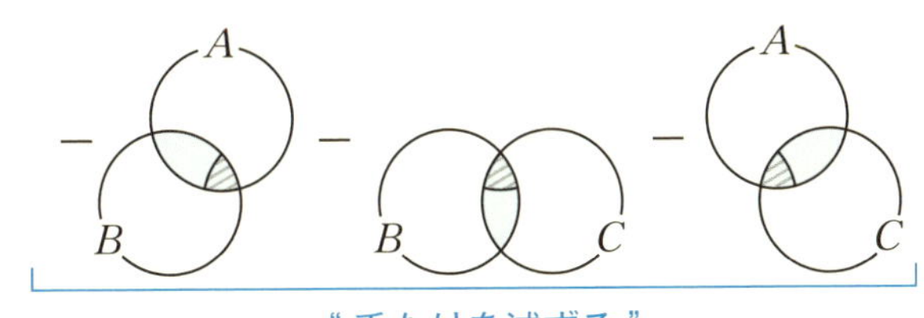

“重なりを減ずる”
（$A \cap B \cap C$の△の部分を3回減じている）

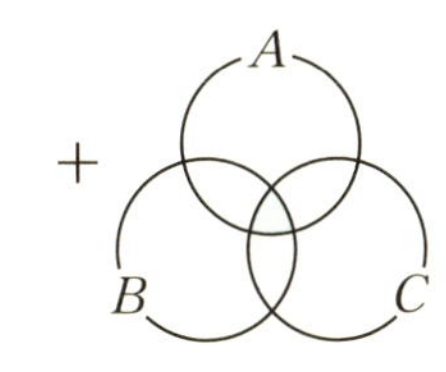

“減じ過ぎをうめる”
（$A \cap B \cap C$の△の部分を1回カウントする）

▲図1-5-3　集合が3つあった場合の計算式

集合がA, B, C, Dと4つ以上の場合も、どのような式になるか考えてみるとよいでしょう。

集合族とベキ集合

集合を要素に持つ集合を「**集合族**」あるいは「**集合系**」と呼びます。少し分かりにくいので、まずは具体的な例で説明します。例えば、次のような4つの集合があるとします。

$\{a, b\}, \{1, 2, 3\}, \{2, 3\}, \{b, c, d\}$

この1つ1つを“要素”として、4つの要素から成る新しい集合Xを作るのです。要素を列挙する方法で書けば次のようになります。

$X = \{\{a, b\}, \{1, 2, 3\}, \{2, 3\}, \{b, c, d\}\}$

特に、集合Aのすべての部分集合を要素とした集合族をAの「**ベキ集合**」(power set) と呼び「$P(A)$」で表します。「P」は確率の記号としても使いますが、ベキ集合はこれ以降は扱いませんので、混同はないでしょう。

> **(例題)**
>
> 集合$A=\{a, b, c\}$について次の作業をしてみてください。
>
> (1) 集合Aのベキ集合$P(A)$を要素を書き並べる方法で表す。
>
> (2) ベキ集合$P(A)$の要素の個数$n(P(A))$を求める。
>
> (3) 集合$B=\{b_1, b_2, \cdots, b_n\}$のベキ集合$P(B)$の要素の個数$n(P(B))$を求める。

(解答)

(1) $P(A)=\{\varphi, \{a\}, \{b\}, \{c\}, \{a, b\}, \{b, c\}, \{c, a\}, A\}$

ここで、空集合φと自分自身AもAの部分集合であることに注意してください。

(2) (1) で求めた$P(A)$の要素を数えれば、$n(P(A))=8$と分かりますが、次のように考えることで、(3) の解決に役立ちます。

集合Aの要素、a、b、cを横一列にならべ、その下に○か×かを置きます。

a	b	c		Aの部分集合
○	○	○	⟶	$\{a, b, c\}=A$
○	○	×	⟶	$\{a, b\}$
○	×	○	⟶	$\{a, c\}$
○	×	×	⟶	$\{a\}$
×	○	○	⟶	$\{b, c\}$
×	○	×	⟶	$\{b\}$
×	×	○	⟶	$\{c\}$
×	×	×	⟶	$\{\ \}=\varphi$

▲図1-5-4　○印を置いた要素から成る部分集合を作る

このとき、○が置かれた要素だけをピックアップして部分集合を作ると、Aの部分集合が1つ作れます。このような○と×の並び1つが集合Aの部分集合1つと一対一に対応すると考えることができます。ちなみに、すべて×なら空集合ϕに対応し、すべて○ならA自身に対応します。

こう考えると、○と×の異なる並びの総数がAのベキ集合$P(A)$の要素の個数であることが分かります。

a、b、cのいずれの位置にも、○と×の2通りの並び方があり、次ページの「樹形図」の考え方を使って、最終的に$2\times2\times2=8$通りの部分集合ができます。このように○と×の並びで考えれば、$P(A)$の要素の個数が計算式で求められます。

(3) (2) の考え方により、集合Bの要素の個数がnであれば、ベキ集合$P(B)$の要素の個数は次の式で得られることが分かります。

$$n(P(B)) = \underbrace{2\times2\times2\times\cdots\times2}_{n\text{個}} = 2^n\text{(個)}$$ **(解答了)**

(例題)

5人のスタッフで店番をするとき、何通りのシフトの組み方があるでしょう。

(解答)

5人から成る集合Aの集合のベキ集合$P(A)$の要素の個数を求めると$n(P(A))=2^5=32$となります。店番をするのに1人以上は必要なので、空集合φの場合を除かなければなりません。以上から、$32-1=31$で31通りあることが分かります。**(解答了)**

第1章 集合 ～場合分けの基礎～

1-6 樹形図を活用する

確率を計算する場合、起こりうるあらゆる場合の数を数えあげ、それを分数の分母や分子に置くという作業がたびたび生じます。ここでは、場合の数を効率よく数える方法を考えてみましょう。例えば、サイコロを3回投げたときに出る目の出方は何通りあるかを考える際に、次のような枝分かれする図を描いてみます。

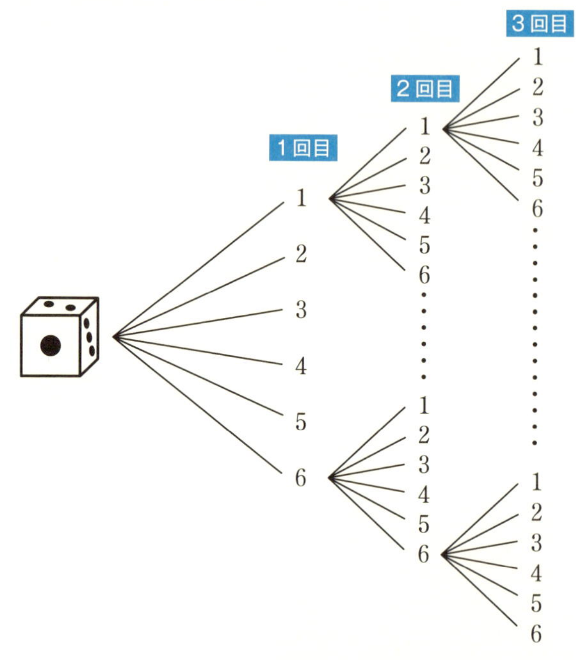

▲図1-6-1　サイコロを3回投げたときの樹形図

その見た目からこのような図を「**樹形図**」と呼びます。樹形図を見ると、サイコロを1回投げると6本の枝が生えてきて、2回目のサイコロを投げることで、その各々の枝からさらに6本の枝が生えます。この時点で、6×6＝36通りの場合が見つかったことになります。さらに、もう一回サイコロを投げると、先ほどと同じように、36本の枝の各々から6本の枝が生えてくるので、最後の段階では枝の数が6×36＝216本になります。したがって、サイコロを3回振ったときの場合の数は216通りということが導けます。式で表せば次のようになります。

$$6^3 = 6 \times 6 \times 6 = 216$$

枝は同じタイミングで同じ本数生えるとは限りませんし、すべての枝から必ず次の枝が生えるとも限りません。したがって、この例のように機械的に、同じ数を掛け合わせてすべての場合が求められるわけではありませんが、樹形図を使って場合分けを目で追うと分かりやすくなることは確かです。

（例題）

サイコロを3回投げたときに目の和が6となる場合の数を求めてください。

（解答）

3回の目の出方を(2, 1, 3)のように順序の付いた数字の並びで表現してもよいのですが、場合の数が多くなると一目で全体を確認するのが難しくなります。そこで、次のような樹形図にしてみます。

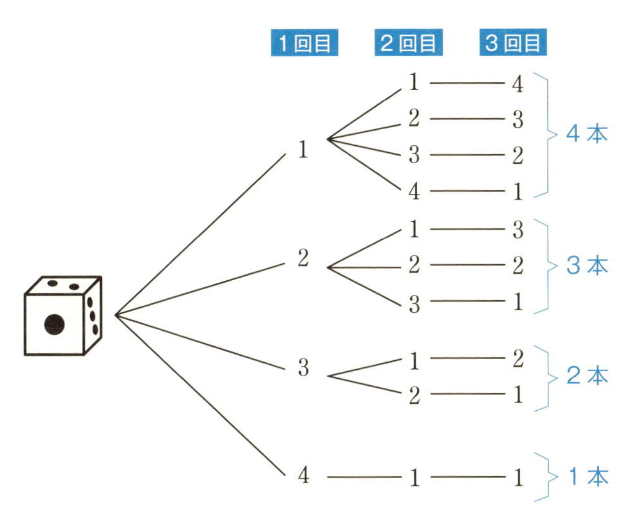

▲図1-6-2　目の和が6となる場合は枝別れの数が減っていく

いずれの回も、1、2、3、4のいずれかの目が出る場合に限られます。なぜなら、3回分の目の和が6になるので、3回中1つの回の目が5以上だと「目の和が6」にならないからです。

「1」から4本の枝が分かれ、その先は枝分かれせず、1本ずつになります。同様に、「2」から3本、「3」から2本、「4」から1本出て、一番右端に並んだ枝の数が、求める「3つの目の和が6となる場合」の数となります。

また、図をよく見ると、「4」から出る枝は右端で1本、「3」から出る枝は右端で2本、「2」から出る枝は右端で3本、「1」から出る枝は右端で4本となっていて、これらの合計1+2+3+4=10が求める場合の数を求める式になっています。**(解答了)**

これから類推すれば、「3回の目の和が7になる」という場合の数が、1+2+3+4+5=15で得られることも理解できるでしょう。

1-7 「または」や「かつ」の場合の数え方

「または」が入る場合の計算

条件を示す文章に「または」が入るような場合の数はどのように計算するとよいでしょう。

例えば、赤、白2つのサイコロを投げた場合、「目の和が3または5」という場合の数を求めるには、「目の和が3」になる場合と、「目の和が5」になる場合に分けて考えます。ここで、2つのサイコロの目の出方を(x, y)（xは赤の目、yは白の目）と表すことにします。

目の和が3になる目の出方は(1, 2)、(2, 1)の2通りで、目の和が5になる目の出方は(1, 4)、(2, 3)、(3, 2)、(4, 1)の4通りです。これらの場合に重複はないので2+4=6で6通りとなります。

この場合は「目の和が3」と「目の和が5」に重複がないのでそれぞれの場合の数を加えて求めることができましたが、重複がある場合は重複する分を差し引かなくてはなりません。例えば、「目の和が4または目の積が4」という場合は、次のように(2, 2)という目の出方が1つだけ重複しているので、3+3−1=5通りと計算します。

目の和が4の場合　(1, 3)、(2, 2)、(3, 1)
目の積が4の場合　(1, 4)、(2, 2)、(4, 1)

重複している

一般に、2つのことがらA、Bについて、Aの場合の数がm、Bの場合の数がnで、Aの場合とBの場合に重複がなければ、「AまたはB」の場合の数は「$m+n$」となります。これを「**和の法則**」といいます。また、AとBに重複があるときの場合の数はその分を$m+n$から差し引いた数になります。

これは、**1-5節**で説明した、次の式から容易に理解できるでしょう。

$A\cap B=\varphi$のとき、$n(A\cup B)=n(A)+n(B)$

$A\cap B\neq\varphi$のとき、$n(A\cup B)=n(A)+n(B)-n(A\cap B)$

例えば、クラスで卓球部とマンガ同好会に同時に所属している生徒がいなければ、「卓球部所属の生徒数」と、「マンガ同好会所属の生徒数」を加えたものが、「卓球部またはマンガ同好会に所属する生徒数」です。また、卓球部とマンガ同好会のいずれにも所属している生徒がいれば、その生徒の数をこれらの和から差し引けばよいのです。

「かつ」が入る場合の計算

次は、条件を示す表現に「かつ」が入る場合の数を計算することを考えます。条件を示す文章に「かつ」が入る場合の数を計算するには**かけ算（乗法）**を用います。

例えば、ある山を登山するとき、「登り専用の道が3通り」、「下り専用の道が2通り」ある場合、登って降りてくる方法は何通りあるでしょう。登りの道を1つ決めると、それぞれに2通りの下りの道が選べるので、3×2＝6通りとなります。

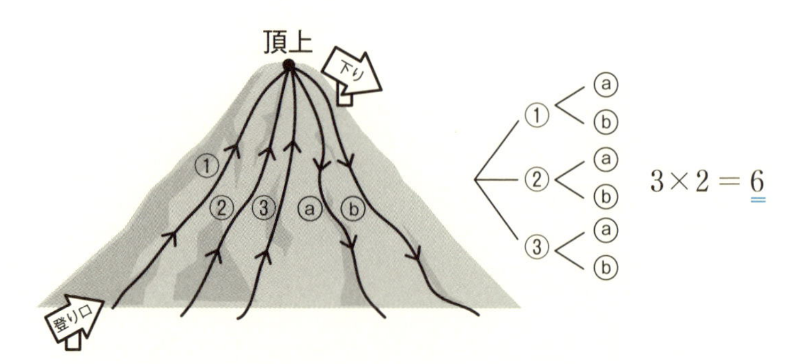

▲図1-7-1　登りと下りの組合わせの数はかけ算で求める

一般に、2つのことがらA、Bについて、Aの起こり方がm通りあり、その各々の起こり方に対してBの起こり方がn通りであるとき、「AとBがともに起こる」場合の数は「$m\times n$」で得られます。これを「**積の法則**」といいます。

「または」と「かつ」で表現された場合の数

(例題)

ジョーカーを除いた52枚のトランプについて次の場合の数を数えてみましょう。

(1) 1枚引くときにハートまたはクラブのカードが出る。

(2) 1枚引くときにダイヤまたは絵札 (J,Q,K) が出る。

(3) 2枚引くときにスペードとクラブのカードが出る。

(解答)

(1) 「ハートのカードを引く」と「クラブのカードを引く」は同時に起こらないので、和の法則よりそれぞれの場合の数を求めて加えます。

$$13+13=26$$ (通り)

(2) 「ダイヤのカードを引く」という場合は13通りあります。また、「絵札を引く」という場合は4×3=12通りあります。ところが、ダイヤの絵札が3枚あるので、「ダイヤのカードを引く」と「絵札を引く」が同時に起こる場合が3通りあります。したがって、次の式で求められます。

$$13+4\times3-3=22$$ (通り)

(3) 「スペードのカードを引く」場合も「クラブのカードを引く」場合もそれぞれ13通りあり、積の法則より次の式で求められます。

$$13\times13=169$$ (通り)　**(解答了)**

(例題)

1から200までの整数で、次の条件を満たす整数はいくつあるでしょうか。

(1) 9の倍数、かつ12の倍数。

(2) 9の倍数、または12の倍数。

(3) 9の倍数、かつ12の倍数でない。

(解答)

全体集合を$U=\{n \mid n$は1以上200以下の整数$\}$とします。また、$A=\{x \mid x$は9の倍数, $x \in U\}$、$B=\{y \mid y$は12の倍数, $y \in U\}$とします。

(1) 条件「9の倍数、かつ12の倍数。」を満たす整数の集合は$A \cap B$ですから、その要素の数$n(A \cap B)$を求めます。9の倍数で12の倍数である整数は9と12の公倍数です。そこで、9と12の最小公倍数を求めます。$9=3 \times 3$、$12=2 \times 2 \times 3$なので、9と12の最小公倍数は、$2 \times 2 \times 3 \times 3=36$です。したがって、求める整数は36の倍数であり、200を36で割ると商が5なので、1以上200以下に5個あることが分かります。したがって、$n(A \cap B)=5$です。

(2) 条件「9の倍数、または12の倍数。」を満たす整数の集合は$A \cup B$ですから、その要素の数$n(A \cup B)$を求めます。(1) と同様に、200を9で割ると商が22なので$n(A)=22$です。200を12で割ると商が16なので$n(B)=16$です。(1) より$n(A \cap B)=5$ですから$n(A \cup B)$は次の式で得られます。

$$n(A \cup B)=n(A)+n(B)-n(A \cap B)=22+16-5=33$$

(3) 条件「9の倍数、かつ12の倍数でない。」を満たす整数は、Aの要素で、かつ$A \cap B$の要素でない要素です。したがって、このような整数の個数は、(1) と (2) の結果を利用すれば次の式で得られます。

$$n(A)-n(A \cap B)=22-5=17$$ **(解答了)**

第2章

場合の数 ～確率計算の基本～

確率の計算では、あらゆる場合の数を求めること、その中で特に注目する場合の数を数えることが求められます。この際欠かせないのが場合の数の数え上げです。ここでは、並べ方（「**順列**」）や「**組合せ**」の数を数える方法を学びます。また、順列の特殊な場合である「**円順列**」や「**じゅず（数珠）順列**」について理解し、「**重複順列**」の考え方を利用して「**二項定理**」や「**パスカルの三角形**」についても学びます。

2-1 並べ方を数える（順列の数）

順列の数

サイコロの目の出方や当たりくじの出方などを考える際、“出る順”を考慮した数え方には「順列」という考え方が役に立ちます。その名の通り、**順番を区別**して並べた列のことを指します。

例えば、1、2、3、4という4種類の数字から、繰り返しを許して3種類の数字を選び3桁の整数を作る方法が何通りあるかを考えます。同じ数字を何回使ってもよいので、樹形図を使えば次の式で得られることが分かります。

$$4\times4\times4=64 \text{（通り）}$$

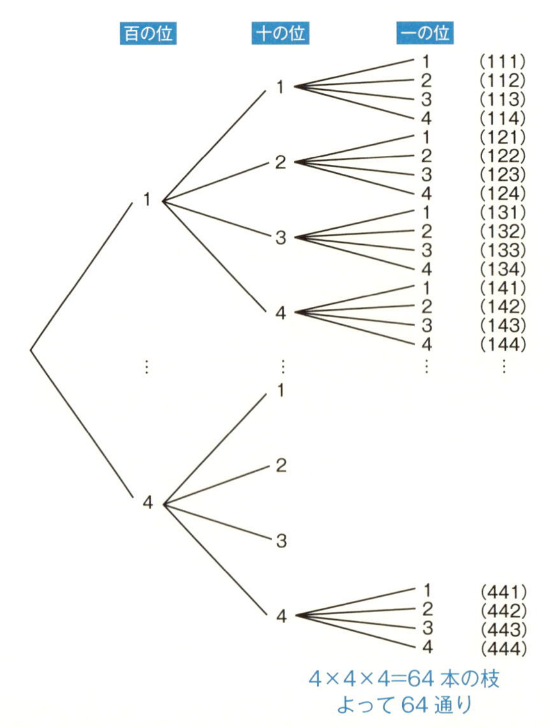

▲図2-1-1　数字の繰り返しを許して3種類の数を選び3桁の整数を作る場合の樹形図

似たような例ですが、1、2、3、4という数字が書かれた4枚のカードから3枚取り出して並べる場合を考えます。この場合は、カードが1枚ずつしかないので、同じ数字を複数回使えないという点が先ほどの例と異なります。

百の位にカードを置く方法は4通りあります。それぞれの場合について、十の位に置けるカードは（百の位に使っている1枚を除いた）3種類となります。この時点で、4×3＝12通りの場合分けが発生します。さらに、この12通りのそれぞれの場合について、一の位に置けるカードは（百の位に使っている1枚と、十の位に使っている1枚の合計2枚を除いた）2種類となります。したがって、4×3×2＝24通りの方法が考えられます（図2−1−2）。

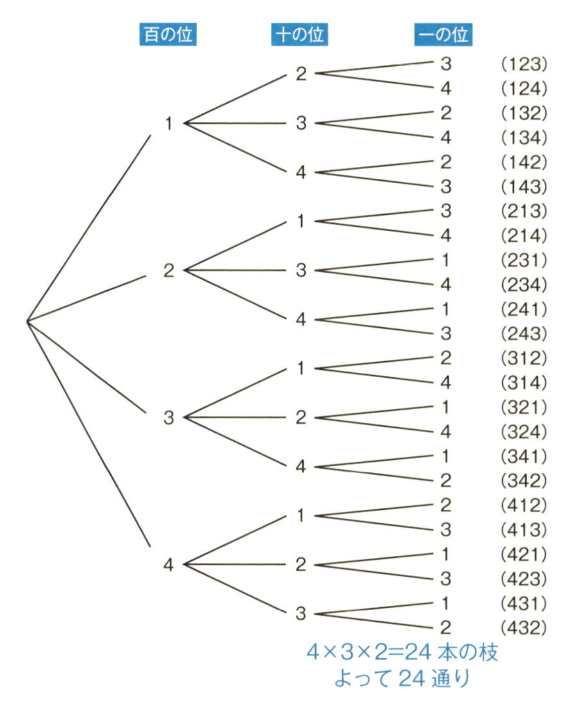

▲図2-1-2　数字の繰り返しを許さずに3桁の整数を作る場合の樹形図

一般に、いくつかのものを順番を区別して並べたものを「**順列**」といいます。n個の異なるものからr個（$0 \leqq r \leqq n$）を取り出して並べた順列の数を「${}_n\mathrm{P}_r$」で表します。「P」は順列を意味する「permutation」の頭文字です。先ほどの例で示した樹形図で考えれば、${}_nP_r$は次の式で求められることは容易に理解できるでしょう。

$${}_nP_r = n(n-1)(n-2)\cdots(n-r+1)$$

最後の「$n-r+1$」を「$n-r$」と勘違いすることがよくありますので注意してください。ここで、$r=0$のときは「なにも並べない」ということになりますが、便宜上${}_nP_0 = 1$と決めます。また、${}_nP_1 = n$です。

先ほどの例では、$n=4$、$r=3$なので$n-r+1=4-3+1=2$ですから、次のような式になります。

$${}_4P_3 = \overbrace{4 \times 3 \times 2}^{3\text{個}}$$

r → 3個、n → 4、$n-r+1$ → 2

右辺のかけ算に登場する数がr個（この場合は、3個）あると覚えてください。

例えば、6個の異なるものから4個とって並べた順列の個数は、次の式で求められます。

$${}_6P_4 = \overbrace{6 \times 5 \times 4 \times 3}^{4\text{個の数の積}} = 360$$

r → 4個の数の積、n → 6

(例題)

社内の集団健康診断で男性3名と女性4名がレントゲン撮影車の前に集まりました。男性3名がまとまり、女性4名もまとまるような撮影順は何通りできるでしょう。

(解答)

同性同士でグループを作るのですが、まず、どちらのグループを先にするかの順列を考えると$_2P_2 = 2 \times 1 = 2$通りあります。次に、男性3名の中で順番を考えると$_3P_3 = 3 \times 2 \times 1 = 6$通りあり、女性4名の中では$_4P_4 = 4 \times 3 \times 2 \times 1 = 24$通りあります。したがって、次の式で得られます。

$$
\begin{aligned}
{}_2P_2 \times {}_3P_3 \times {}_4P_4 &= 2 \times 6 \times 24 \\
&= 288 \text{（通り）}
\end{aligned}
$$

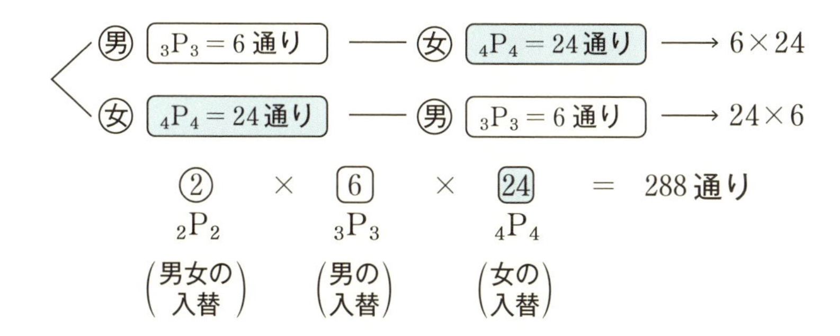

▲図2-1-3　グループを選ぶ枝分かれ、最初のグループで人を選ぶ枝分かれ、次のグループで人を選ぶ枝分かれ、という樹形図を考える

(解答了)

重複順列の数

先ほどの例で見た“**繰り返しを許す**”順列を「**重複順列**」と呼びます。n個の異なるものから、重複を許してr個取り出して並べる重複順列の数は「${}_n\Pi_r$」という記号で表します。

$$\text{公式}\quad {}_n\Pi_r = \overbrace{n \times n \times \cdots \times n}^{r\text{個}} = n^r \quad \text{(重複順列の数)}$$

「Π」はギリシャ文字「パイ（pi）」の大文字で、積を意味する「product」の頭文字「p」と関係しています。ちなみに、Πの小文字は円周率を表す「π」です。

（例題）

3種類の数字の組合せでロックできるダイヤル式南京錠があります（図2−1−4）。各ダイヤルには0から9までの10種類の数字が自由に決められます。何通りの組合せが考えられるでしょう。

▲図2-1-4　3つの数字の並びでロックが解除されるダイヤル式南京錠

（解答）

10種類の数字を繰り返しを許して3つ並べる重複順列の個数を求めればよいので、${}_{10}\Pi_3 = 10^3 = 1000$通りとなります。**（解答了）**

2-2 組合せ方を数える（組合せの数）

組合せの数

n個の異なるものからr個取り出して並べるのが順列でしたが、並べずに**“まとまり”だけを区別**して考えるのが「**組合せ**」です。例えば、「3, 2, 5」と「5, 3, 2」は順列としては異なるものですが、組合せとしては同じものと考えます。言葉を換えていえば、組合せは“集合”として同じであるか否かで区別します。そこで、組合せを表す際は、集合の表記法を流用して{3, 2, 5}のように表します。

n個の異なるものからr個取り出す組合せを数えましょう。もちろん、rは0以上n以下です（$0 \leqq r \leqq n$）。その値は、順列の数${}_nP_r$より大きくなることはありません。なぜなら、取り出したr個のもののまとまりは組合せとしては1つですが、r個のものを全部並べ替えて順列を作れば、1つ以上の順列が必ず作れるからです。もちろん、違った組合せから同じ順列は作れませんので、確実に組合せの数が順列の数${}_nP_r$を超えることはありません。例えば、3個のものの組合せを1つ作れば、それから${}_3P_3 = 3 \times 2 \times 1 = 6$通りの順列が作れます。

そこで、r個の組合せを1つ選んだとしましょう。このとき、その組合せに属するものをすべて並べると何通りの順列が作れるでしょう。これは、異なるr個のものをすべて並べる順列の数${}_rP_r$で得られます。このことは、どの組合せについても同じことがいえます。したがって、仮に異なる組合せがx通り作れたとすれば、それぞれについて${}_rP_r$個の順列が作れるので、${}_rP_r$のx倍の値が、n個のものからr個を取り出して作る順列の総数に一致するはずです。つまり、次の式が成り立ちます。

$${}_nP_r = x \times {}_rP_r$$

両辺を${}_rP_r$で割ればxが求められます。

$$\frac{{}_nP_r}{{}_rP_r} = x$$

$$x = \frac{{}_nP_r}{{}_rP_r} \quad \text{（両辺を入れ替え）}$$

この値、すなわち、異なるn個のものからr個を取り出して作られる組合せの個数を、「${}_nC_r$」と表します。「C」は組合せを意味する「combination」の頭文字です。

公式 ${}_nC_r = \dfrac{{}_nP_r}{{}_rP_r}$

$$= \frac{n\times(n-1)\times(n-2)\times\cdots\times(n-r+1)}{r\times(r-1)\times(r-2)\times\cdots\times2\times1}$$

例えば、6個のものから4個を取り出して作る組合せの数は、次の式で得られます。

$$\frac{{}_6P_4}{{}_4P_4} = \frac{6\times5\times4\times3}{4\times3\times2\times1}$$

$$= \frac{6\times5}{2\times1}$$

$$= 15$$

（例題）

女子4人、男子5人から4人を選ぶとき、次のような選び方の数を考えてみましょう。

(1) 性別を問わず4人選ぶ。

(2) 女子2人と男子2人を選ぶ。

(3) 少なくとも1人は女子を選ぶ。

(解答)

(1) $_9C_4 = \dfrac{9\times8\times7\times6}{4\times3\times2\times1}$

$= 126$（通り）

(2) 女子2人の選び方は$_4C_2$通り、男子2人の選び方は$_5C_2$通り。
積の法則より、$_4C_2\times{}_5C_2 = \dfrac{4\times3}{2\times1}\times\dfrac{5\times4}{2\times1} = 60$通り。

(3)「少なくとも1人は女子」の否定は「4人とも女子でない」、つまり「4人とも男子」ということなので、この場合の数$_5C_4$を求めて、(1)で得られたすべての場合の数126から引けばよいですね。

$$126 - {}_5C_4 = 126 - \frac{5\times4\times3\times2}{4\times3\times2\times1}$$
$$= 126 - 5$$
$$= 121 \text{（通り）}$$ **(解答了)**

ちなみに、順列の数や組合せの数が整数にならない（つまり、分子が分母で割り切れない）場合は、途中の計算（約分など）に誤りがあると考えましょう。

2-3 ビックリするほど大きな値になる「階乗」

階乗の記号「!」

異なる5人全員を並べ替えてできる順列の数は$_5P_5$、すなわち、「5×4×3×2×1」で得られます（最後の「1」は実質的に書かなくても同じですが、見栄えがよいので書いておきます）。このように、1からnまでの整数をかけ合わせて得られる値を「$n!$」と表し、nの「**階乗**」(factorial) と呼びます。$_nP_n$は階乗の記号で表すと次のようになります。

$$
\begin{aligned}
{}_nP_n &= n\times(n-1)\times(n-2)\times\cdots\times3\times2\times1 \\
&= n!
\end{aligned}
$$

先の例でいえば、5人を並べ替えてできる順列の数は5!で、その値は5×4×3×2×1＝120となります。ここで、「!」を「exclamation」マークと呼びます。いわゆる“ビックリマーク”です。

ちなみに、階乗の値はnの変化にともなって急速に大きくなります（図2−3−1）。

14!の値は、なんと11桁の整数になります。このため、先に紹介した組合せの公式を使って計算する際は、分子と分母の約分を可能な限り行ってから計算することがポイントになります。

n	$n!$
1	1
2	2
3	6
4	24
5	120
6	720
7	5040
8	40320
9	362880
10	3628800
11	39916800
12	479001600
13	6227020800
14	87178291200

!

▲図2-3-1　階乗の値は急速に大きくなる！

順列や組合せの数の階乗による表現

階乗の記号を用いると、組合せの数${}_nC_r$は次のような式で表せます。

公式 ${}_nC_r = \dfrac{{}_nP_r}{r!}$

ここで、${}_nP_r = n(n-1)(n-2)\cdots(n-r+1)$でしたから、この両辺に$(n-r)!$をかけると次の式が得られます。

$${}_nP_r \times (n-r)! = n(n-1)(n-2)\cdots(n-r+1)\times(n-r)!$$

ここで、右辺に注目すると、次のように$n!$に等しいことが分かります。

$$\begin{aligned}&n(n-1)(n-2)\cdots(n-r+1)\times(n-r)!\\&= n(n-1)(n-2)\cdots(n-r+1)\times(n-r)(n-r-1)\cdots3\times2\times1\\&= n!\end{aligned}$$

したがって、次の式が得られます。

$${}_nP_r \times (n-r)! = n!$$

この式の両辺を$(n-r)!$で割れば次の式が得られます。

公式 $${}_n\mathrm{P}_r=\frac{n!}{(n-r)!}$$

先ほど出た、組合せの数を求める式「${}_n\mathrm{C}_r=\frac{{}_n\mathrm{P}_r}{r!}$」の右辺にある「${}_n\mathrm{P}_r$」に今しがた得られた「$\frac{n!}{(n-r)!}$」を代入すると次の式が得られます。

$$
\begin{aligned}
{}_n\mathrm{C}_r &= \frac{{}_n\mathrm{P}_r}{r!}\\
&= \frac{\frac{n!}{(n-r)!}}{r!}\\
&= \frac{n!}{(n-r)!r!}
\end{aligned}
$$

よって、次の式が得られます。

公式 $${}_n\mathrm{C}_r=\frac{n!}{(n-r)!r!}$$

ここで、「${}_n\mathrm{P}_r=\frac{n!}{(n-r)!}$」の右辺の$r$の値が$n$に等しくなる場合は「$(n-n)!$」、すなわち「0!」という部分が出現します。**「0!」は1と“決める”**ことにします。くれぐれも、0!は0ではないことに注意してください。こうすることで$n=r$のときに「${}_n\mathrm{P}_n=n!$」が得られるので、都合がよいのです。

ちなみに、${}_n\mathrm{C}_r$を求める式で$r=0$とすれば、これは「n個の異なるものから0個選ぶ組合せの数」を意味し、実際には「なにも選ばない」という一通りの方法があると考えます（少々こじつけっぽいですが……）。

ここで、$0!=1$と決めたので、${}_n\mathrm{C}_0=\frac{n!}{(n-0)!0!}=\frac{n!}{n!}=1$となり、ここでも整合性が保たれます。

組合せの数の計算と約分

組合せの数の計算では、分子と分母に同じ数が並ぶ場合が多いので、可能な限り“**約分**”してから計算するのがコツです。

（例）

$$_{12}C_3 = \frac{12!}{3!(12-3)!} \Longleftarrow \begin{matrix} n=12 \\ r=3 \end{matrix} \quad \boxed{_nC_r = \frac{n!}{r!(n-r)!}}$$

$$= \frac{12!}{3!9!}$$

約分可

$$= \frac{12\times11\times10\times9\times8\times7\times6\times5\times4\times3\times2\times1}{3\times2\times1\times9\times8\times7\times6\times5\times4\times3\times2\times1}$$

約分可

$$= \frac{12\times11\times10}{3\times2\times1}$$

$$= \frac{\overset{2}{\cancel{12}}\times11\times10}{\cancel{3}\times\cancel{2}\times1}$$

$$= 2\times11\times10$$

$$= 220$$

▲図2-3-2　できるだけ約分して簡単な分数にする

順列を分解して考える

順列の数を求める公式「$_nP_r = \dfrac{n!}{(n-r)!}$」は、

$$\underset{①}{\underline{_nP_r}} \times \underset{②}{\underline{(n-r)!}} = \underset{③}{\underline{n!}}$$

から得られました。この式は次のように解釈することができます。

$\underset{①}{\underline{(n\text{個から}r\text{個取り出して並べる順列の数})}} \times \underset{②}{\underline{((n-r)\text{個の順列の数})}} = \underset{③}{\underline{n\text{個の順列の数}}}$

つまり、n個のものを全部並べてできる順列は、r個のものを並べた順列1つと、$(n-r)$個のものを並べた順列1つを、“ドッキング”して1列に並べれば1つ作れるということです。

r個のものを並べた順列1つに対して、$(n-r)$個のものを並べた順列の数だけ、n個のものを並べた順列ができるわけですから、積の法則で、(r個並べた順列の数)×(($n-r$)個並べた順列の数)が(n個並べた順列の数)と一致することが分かります。

n 個のもの の順列	＝	$(n-r)$ 個のもの の順列	×	r 個のもの の順列

▲図2-3-3 「n個の順列」は「$(n-r)$個の順列」と「r個の順列」のペアととらえることができる

（例）

a、b、c、d、eの5文字についての順列を考える。

2文字と3文字の順列に分けて考える。

2文字の順列は全部で${}_5P_2$通りあり、その各々について${}_3P_3$通りの3文字の順列が考えられる。

$$ {}_5P_2 \times {}_3P_3 = (5\times4)\times(3\times2\times1) = {}_5P_5 $$

等しい

${}_nP_n = {}_nP_r \times {}_{n-r}P_{n-r}$ が類推できる

約数の問題への応用

（例題）

12の約数について次の値を求めましょう。

(1) 12の約数の個数。

(2) 12の約数の合計。

（解答）

(1) 1と12が12の約数であることに注意すれば、12の約数は次の6つであることはすぐ分かります。

1　2　3　4　6　12

したがって、(1) の答は6個です。

ここで、他の整数の場合にも応用が利くよう、次のような考え方で解いてみます。

まず、12を**素因数分解**します。つまり、12を素数の積で表します。

$$12=2\times2\times3=2^2\times3^1$$

ここで、2や3の右肩にある数（**指数**）に着目します。実は、12の約数は、すべて次のような式で表されます。

$$2^a\times3^b\quad(a=0,\ 1,\ 2\quad b=0,\ 1)$$

なぜなら、$12=2\times2\times3$と表されることから、その約数は、2, 2, 3の3数を組合わせて作った積の形になっているはずだからです。例えば、2と2の積で4という約数が、2と3の積で6という約数が得られます。

「$2^a\times3^b$」という式で、aが2のとき、bを1以下の値(1, 0)で変化させると次の2つの値が得られます。

$$b=1\quad 2^2\times3^1=4\times3=12$$
$$b=0\quad 2^2\times3^0=4\times1=4$$

aが1のときも同様にして、次の2つの値が得られます。

$$b=1\quad 2^1\times3^1=2\times3=6$$
$$b=0\quad 2^1\times3^0=2\times1=2$$

aが0のときも、次の2つの値が得られます。

$$b=1\quad 2^0\times3^1=3$$
$$b=0\quad 2^0\times3^0=1$$

これらは、すべて12の約数で、これ以外に12の約数はありません。つまり、12の約数はすべて「$2^a\times3^b$」という形で表され、aが0, 1, 2の3通りの値、bが0, 1の2通りの値を取ることを考えれば、積の法則から全部で$3\times2=6$個あることが分かります。

(2) 12の約数の合計は、(1) の結果から次の式で得られることが分かります。

$$1+2+3+4+6+12=28$$

ここでは、他の整数の場合にも応用が利く次のような方法で合計を求めてみます。
(1)で注目した「2^a」の指数は、$a=0, 1, 2$と変化します。同様に、「3^b」の指数は、$b=0, 1$と変化します。そこで、次のような式を考えます。

$$(2^0+2^1+2^2)\times(3^0+3^1)$$

これを展開してみると、次のような式が得られます。

$$2^0\times3^0+2^0\times3^1+2^1\times3^0+2^1\times3^1+2^2\times3^0+2^2\times3^1$$

よく見るとここには12の約数がすべて並んでいます。つまり、次の式で12の約数のすべての和28が求められます。

$$\begin{aligned}&(2^0+2^1+2^2)\times(3^0+3^1)\\&=(1+2+4)\times(1+3)\\&=28\end{aligned}$$
(解答了)

この考えを使って、540の約数の個数と、約数の合計を求めてみましょう。
540の素因数分解は次のようになります。

$$540=2^2\times3^3\times5^1$$

540の約数の個数は、次の式で得られます。

$$\begin{aligned}(2+1)\times(3+1)\times(1+1)&=3\times4\times2\\&=24(\text{個})\end{aligned}$$

540の約数の和は、次の式で得られます。

$$\begin{aligned}(2^0+2^1+2^2)\times(3^0+3^1+3^2+3^3)\times(5^0+5^1)&=7\times40\times6\\&=1680\end{aligned}$$

2-4 円順列とじゅず順列

円順列の数

ものを一列に並べる代わりに“**環状**”に並べたものを「**円順列**」と呼びます。円順列では、次の図のように、一見すると異なる並べ方のようで、実は同じ並びになっているものがあります。

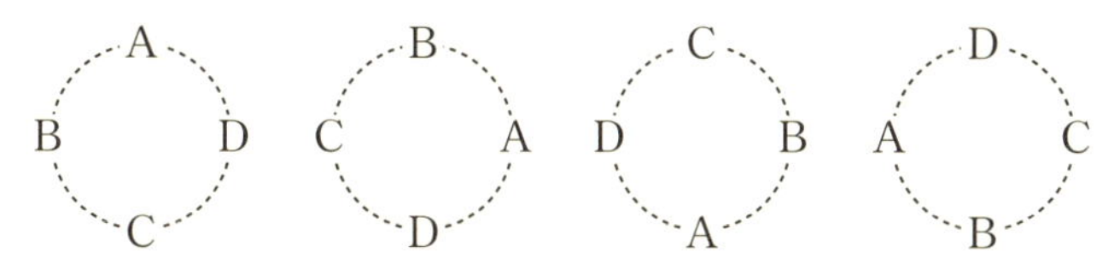

▲図2-4-1　これら4つの円順列は、1つの円順列を90度ずつ回転して得られるものなので同じものと見なす

図の4つの円順列は、Aから左回り（時計と反対回り）に、A→B→C→Dと並んでいるので、1つの円順列と数えます。実は、これらの円順列は、次のような通常の順列から作ることができます。

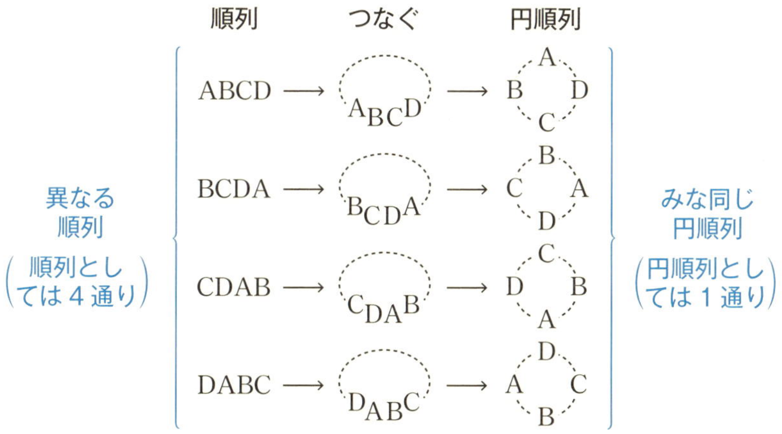

順列　つなぐ　円順列

異なる順列（順列としては4通り）

ABCD ⟶ ABCD ⟶ A B D C

BCDA ⟶ BCDA ⟶ B C A D

CDAB ⟶ CDAB ⟶ C D B A

DABC ⟶ DABC ⟶ D A C B

みな同じ円順列（円順列としては1通り）

▲図2-4-2　順列と円順列の関係

円順列の数を数えるために、図2－4－1の左端の円順列でAを固定して、残りのB、C、Dを自由に並べ替えることを考えましょう。B、C、Dの並べ方は、A以外の固定された3カ所に並べる**通常の順列**と考えればよいので、$_3P_3 = 3! = 6$通りあります。これら6通りの順列からできる円順列は、Aが固定されているので、図2－4－1のように部分的に回転して同じ円順列になることはありません。したがって、異なる円順列の数は6通りになります。

同様な考え方で、異なるn個のものを環状に並べるときは、いずれか1つを固定して、残った$n-1$個のものを通常の順列として並べ替えればよいのです。まとめると、n個のものの円順列の数は次の式で得られます。

公式 $(n-1)!$ **（円順列の数）**

> **（例題）**
>
> 女子2人と男子5人が円卓を囲んで座るとき、次の座り方の数を求めてみましょう。
>
> (1) 5人が自由に座る。
>
> (2) 2人の女子が必ず隣り合って座る。

（解答）

(1) $(5-1)! = 4! = 24$（通り）

(2) 女子2人を一人と見なして、4人の円順列を考えると$(4-1)! = 3! = 6$通りの座り方があります。一方、2人の女子が席を入れ替えると$2! = 2$通りの座り方があります。6通りの座り方のそれぞれに2通りの座り方があるので、積の法則より求める円順列の総数は$2 \times 6 = 12$通りです。

（解答了）

(2) のように、**「隣り合う」とか「一緒に」とかの表現がある場合は、いくつかのものを1つのものと見なして考え**、別途、1つに見なしたものの中でのバリエーションを考えれば分かりやすくなります。

じゅず順列の数

図2－4－3にあるような、色つきの珠を並べた2つの円順列は異なるものです。しかし、この順で珠に糸を通して“じゅず状”あるいは“ネックレス状”にしたものを“裏返す”ともう一方の円順列と同じ並びになります。このように、円順列で並べたものに糸を通してじゅず状にしたものを「**じゅず順列**」といいます。ちなみに「じゅず」は「数珠」とも書きます。

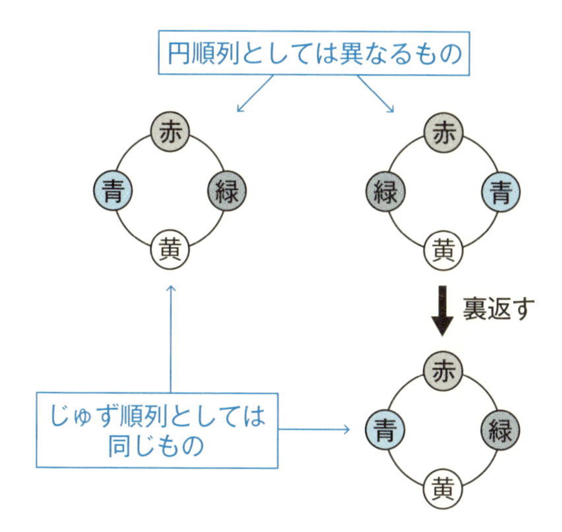

▲図2-4-3　2つのネックレスは平面に置いて円順列と見なせば異なるものだが、取り上げて“裏表”を無視すれば同じじゅず順列と見なせる

異なるn個のものをじゅず状に並べたとき、区別できるじゅず順列の個数をxとします。1つのじゅず順列を表から見た円順列と、裏から見た円順列は区別できるので2つの順列と見ることができます。また、異なるじゅず順列からできるこのような円順列には、同じものはありません。したがって、次の式が成り立ちます。

$2x=(n-1)!$

この等式の両辺を2で割ると$x=\dfrac{(n-1)!}{2}$となります。つまり、n個の異なるものを使ってできるじゅず順列の総数は次の式で得られます。

公式 $\dfrac{(n-1)!}{2}$ **(じゅず順列の数)**

> **(例題)**
>
> 色の異なる7個の珠をつないでできるじゅず順列は何通りあるでしょう。

(解答)

7個の珠を環状に並べてできる円順列の個数は$(7-1)!$で、じゅず順列の数はその半分の$\dfrac{(7-1)!}{2}=\dfrac{6!}{2}=6\times5\times4\times3=360$通りとなります。

(解答了)

> **(例題)**
>
> 4人の女子と4人の男子について次の円順列は何通りあるでしょう。
>
> (1) 男女が自由に並ぶ。
>
> (2) 男子と女子が交互に並ぶ。

(解答)

(1) $(8-1)!=7!=5040$ (通り)

(2) 男子だけの円順列を考えると、$(4-1)!=3!=6$通りです。男子の円順列を1つ決めると、その順列の中で、男子と男子の間に4人の女子が並ぶ方法を考えれば、こちらは4人の順列なので$4!=24$通りあります。積の法則より、$6\times24=144$通りとなります。

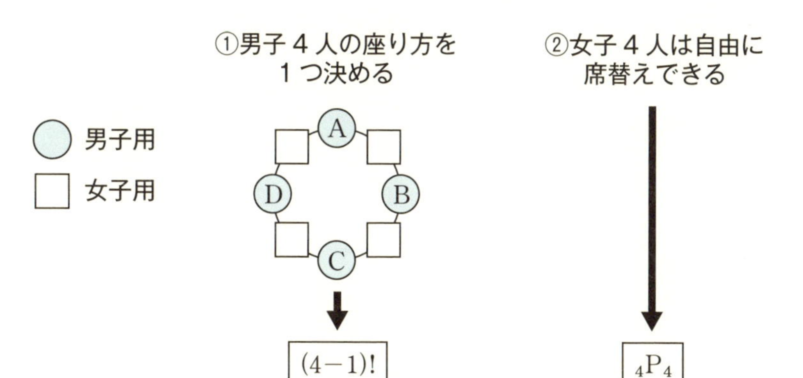

$$\underbrace{(4-1)!}_{\text{男子}} \times \underbrace{{}_4P_4}_{\text{女子}} = 3! \times 4! = 6 \times 24 = 144 \ (\text{通り})$$

▲図2-4-4　男子４人の円順列を１つ決めて、女子４人は男子同士の間にある４カ所の位置に並ぶ通常の順列を考えればよい

（解答了）

2-5 同種類のものを含む順列

同種類のものをあえて区別して考える

区別できない同種類のものが複数個混ざったものを並べるとき、区別可能な並べ方を数えるにはどうしたらよいでしょう。

例えば、同じ形をしたカードが5枚あり、3枚は赤色で2枚は白色だとします。5枚を一列に並べるとき、区別可能な並べ方は「${}_5P_5$」では求めることができません。${}_5P_5 = 5! = 120$は、5枚のカードが区別できるときの順列の総数だからです。

そこで、これら5枚のカードをあえて区別できるようにします。3枚の赤カードをr_1、r_2、r_3と名付けて区別します。2枚の白カードも、w_1、w_2と名付けて区別します。こうして、5枚のカード、r_1、r_2、r_3、w_1、w_2を箱に1つずつ入れればすべて区別できるので、その順列の総数は$5! = 120$になります。

ところが、実際は図2−5−1の12通りの順列は区別できないので1通りと数えることになります。いずれも、見かけは「赤白赤赤白」と並んでいて区別できない順列だからです。

ほかにも、このように12通りの順列が1通りの順列に見なされるケースがいくつもあり、実際には、そのような“12個セット”の順列が集まって、全体で120通りの順列が構成されているのです。ということは、求める順列の個数をxとすれば次の式が成り立つはずです。

$$12 \times x = 120$$

この式の両辺を12で割れば$x = 10$が得られます。

つまり、赤3枚、白2枚のカードを並べ替えてできる順列の個数は10となります。

この手順を式で表すと次のようになります。

$$x = \frac{5!}{3! \times 2!}$$

▲図2-5-1　これら12通りの順列は色だけでは区別が付かない

分子がカード総数5の階乗、分母が赤色カードの枚数3の階乗と白色カードの枚数2の階乗の積となっています。

同様な考え方で、区別できない同じものが、p個、q個、r個ずつある場合、これら$(p+q+r)$個のものをすべて並べたとき、区別できる順列の数は次の式で得られます。

公式 $$\frac{(p+q+r)!}{p!q!r!}$$

一般に、区別できない同じものが、それぞれp_1個、p_2個、p_3個、……、p_r個ずつあるものを並べる場合、区別できる順列の個数は次の式で得られます。

公式 $$\frac{n!}{p_1!p_2!\cdots p_r!}$$ **ただし、**$n=p_1+p_2+\cdots+p_r$

(例題)

popeyeという単語にある6文字を並べ替えると何通りの順列ができるか考えてみましょう。

(解答)

文字数は6個で、そのうち、「p」が2個、「o」が1個、「e」が2個、「y」が1個ですから、公式より次の式で得られます。

$$\frac{6!}{2!1!2!1!}=180\text{（通り）}$$

ここで、分母の2カ所にある「1!」は「1」なので省略しても構いませんが、明示的に書いておくと分かりやすいでしょう。**(解答了)**

詰め合わせの数

例えば、ミカン、クリ、リンゴを詰め合わせて果物10個入りのかごを作る方法を考えましょう。どの果物を何個選ぶかは自由で、1つも選ばない果物があってもよいものとします。これを組合せの問題として捉えると、果物によって選ぶ個数が決まっていないので場合分けが複雑になります。そこで、次のように考えて順列の問題として解いてみましょう。

3種類の果物をとりあえず“モノ”と見なして、それを10個の「○」で表すことにします。さらに、果物の種類を区別するための“仕切”を「|」で表すことにします。こうすれば、ミカン2個、クリ3個、リンゴ5個を選んで詰め合わせる場合は次のように表すことができます。

○○|○○○|○○○○○

ここで、左から2個の○がミカン、仕切をはさんで、3個の○がクリ、また仕切をはさんで5個の○がリンゴを表しています。つまり、果物の種類は左から順に並べることで区別し、その個数は2本の仕切りを使って表します。

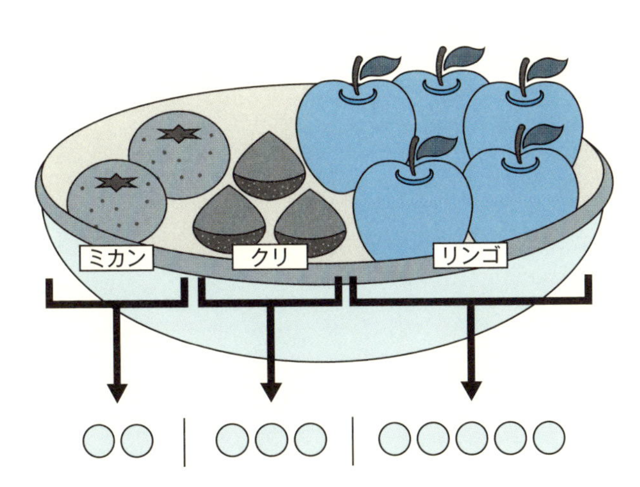

▲図2-5-2 「○」で果物を、「|」で種類を区別する仕切を表すことで、組合せの問題が順列の問題に転化される

また、ミカンを選ばず、クリ4個とリンゴ6個の場合は次のようになります。

｜○○○○｜○○○○○○　（ミカンが選ばれないので左端に○はない）

ミカン6個とリンゴ4個の場合は、次のようになります。

○○○○○○｜｜○○○○　（クリが選ばれないのでまん中は空っぽ）

さらに、10個ともミカンの場合は、次のようになります。

○○○○○○○○○○｜｜

いずれの場合も、10個の「○」と2個の「｜」から成る順列なので、先の例の考え方を利用して次の式で求められます。

$$\frac{12!}{10!2!}=\frac{12\times11}{2\times1}=66\text{（通り）}$$

このように、一見組合せの問題と思えるものも、見方を変えることで順列の問題に転化して解決できることがあります。

詰め合わせの考え方の応用

「3種類の果物をすべて入れた10個の詰め合わせを作る」とした場合、何通りの詰め合わせができるでしょう。少し考えれば、「最初から、かごの中に、ミカン、クリ、リンゴを1つずつ入れておけばよい」ということに気づくでしょう。したがって、残りの7個の果物について、先ほどと同じ方法で組合せの数を求めれば次のような結果になります。

$$\frac{(7+2)!}{7!2!}=\frac{9\times8}{2\times1}=36\text{（通り）}$$

この2つの結果から、「3種類の果物から2種類だけ選んだ10個の詰め合わせ」も容易に求められます。なぜなら、10個の詰め合わせの方法は次の（1）、（2）、（3）のいずれかで、（1）と（3）の場合の数から（2）の場合の数が得られるからです。

（1）3種類から成る。

（2）2種類のみから成る。

(3) 1種類のみから成る。

(1) が36通り、(3) が3通り、(1) と (2) と (3) の場合の合計が66通りありますから、(2) の詰め合わせの方法は“消去法”で66－36－3＝27通りとなります。

経路の数え方

(例題)

図2－5－3のような街路図で次のような最短経路の数を求めてみましょう。

(1) A地点からB地点に移動する最短経路。

(2) (1) の経路の中でC地点を経由して移動する最短経路。

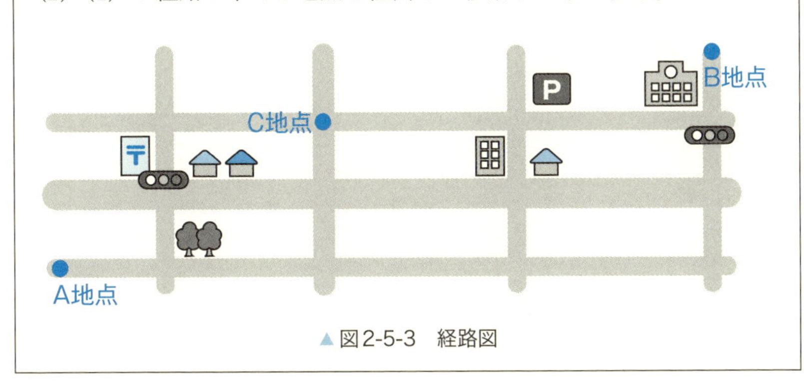

▲図2-5-3　経路図

(解答)

(1) 街路図を見ると道が縦横それぞれに平行に走っています。そこで、上に1ブロック進むことを「↑」で表し、右に1ブロック進むことを「→」で表すことにします。こうすれば、図2－5－4のような矢印の順列で、A地点からB地点までの最短経路を表すことができます。

この場合は、右、上、右、右、上、右、上と移動することを表します。つまり、3個の「↑」と4個の「→」を並べる順列の個数を計算すれば、A地点からB地点までの最短経路の総数を求めることができます。

$$\frac{7!}{3!4!}=\frac{7\times6\times5}{3\times2\times1}=35\ (\text{通り})$$

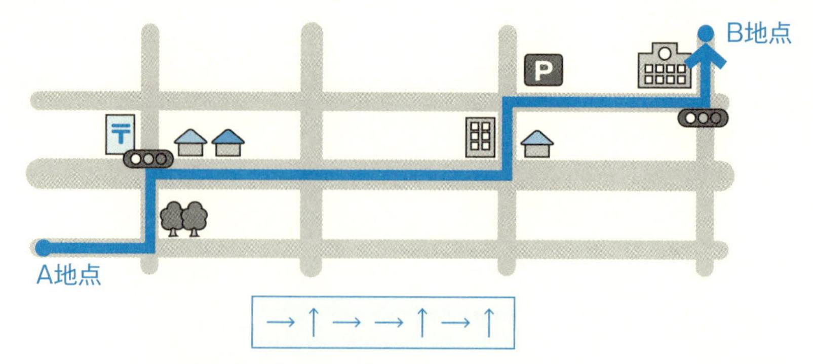

▲図2-5-4　上方移動か右方移動かを記号で表せばA地点からB地点までの最短経路は2種類の矢印の順列で表現できる

(2)（1）と同じ要領で、A地点からC地点に移動する最短経路の総数を求め、C地点からA地点に移動する最短経路の数を求め、それらの積を作れば、積の法則より求める経路の数になります。

$$\frac{4!}{2!2!}\times\frac{3!}{1!2!}=\frac{4\times3\times2\times1}{2\times1\times2\times1}\times\frac{3\times2\times1}{1\times2\times1}=6\times3=18\ (\text{通り})$$

（解答了）

“残りもの”に目をつける

果物の詰め合わせや最短経路の問題のように、「同種類のものを含む順列」で、特に“2種類”のものだけから成る順列の個数は次のように考えると組合せの考え方で解くことができます。

例えば、果物の詰め合わせの問題の場合、12個の“空箱”を1列に並べておき、そのうち2箱を選んで「｜」を入れれば、残りの10箱には自動的に「○」が入ります。したがって「${}_{12}C_2$」で答が得られます。逆に、「○」に着目すれば、同様にして「${}_{12}C_{10}$」で答が得られ、これらは同じ値66です。

また、最短経路の問題も、7つの箱から3個選んで「↑」を入れる方法を考えればよく、その数は「${}_7C_3$」で得られます。これは、7つの箱から4個選んで「→」を入れる方法を考えて「${}_7C_4$」でも結果は同じ値35です。

この2つの例から気づいたと思いますが、「C」には次の性質があります。

$_{12}C_2 = {}_{12}C_{10}$

$_{7}C_3 = {}_{7}C_4$

公式 $_{n}C_r = {}_{n}C_{n-r} \quad (0 \leqq r \leqq n)$

この性質は、次のように考えれば容易に理解できます。

異なるn個のものからr個を取り出せば、自動的に$(n-r)$個のものが残ります。つまり、r個の組合せの1つ1つに、$(n-r)$個の“残りもの”が対応していると考えれば、“残りもの”という組合せの数を数えれば$_{n}C_r$個に等しいはずです。ここで、“残りもの”の数は、$_{n}C_{n-r}$で計算できますから、$_{n}C_r = {}_{n}C_{n-r}$が成り立つわけです。例えば、$_{10}C_8$の計算は$_{10}C_2$で求める方が楽になります。

パスワードの数

（例題）

9個の数字、1,1,2,2,2,3,3,3,3を並べ替えて作れるパスワードは何種類あるか計算してみましょう。

（解答）

$\dfrac{9!}{2!3!4!} = 1260$（通り）　**（解答了）**

インターネットのサービスを利用する際、多くの場合はIDとパスワードの組合せで正当な利用者であることを認証します。パスワードを設定する場合は第三者に知られないような工夫が必要です。一方、パスワードを破る基本的な手法は“総当たり”です。例えば、半角数字10種類で4桁のパスワードを作った場合、0000から9999までの1万通りのパスワードが考えられますが、専用ツールを使うと、数字だけならパソコンでもあっという間に総当たりが完了しパスワードが特定されてしまいます。このため、数字以外にアルファベットや記号などを混ぜ、さらに、一定の桁数以上から成るパスワードを設定することが推奨されているのです。また、定期的にパスワードを変更することでさらに強力な安全性を確保できます。

2-6 部屋割りの方法

順列を利用した部屋割り問題の解法

宿泊先での部屋割りやドライブにおける車の分乗など、部屋割りの問題には順列や組合せの考え方がよく使われます。

例えば、5人が「梅」と「竹」という2つの部屋に分かれて入るとします。まず、空き室ができてもよいという条件で考えます。この場合、部屋に注目するよりは人に注目すると分かりやすくなります。5人の名前を仮にA、B、C、D、Eとして、この名前の付いた箱を1列に並べます。その箱に、部屋名を書いた「梅」か「竹」のいずれかのカードを置く方法を考えれば部屋割りの総数が得られます。（図2−6−1）

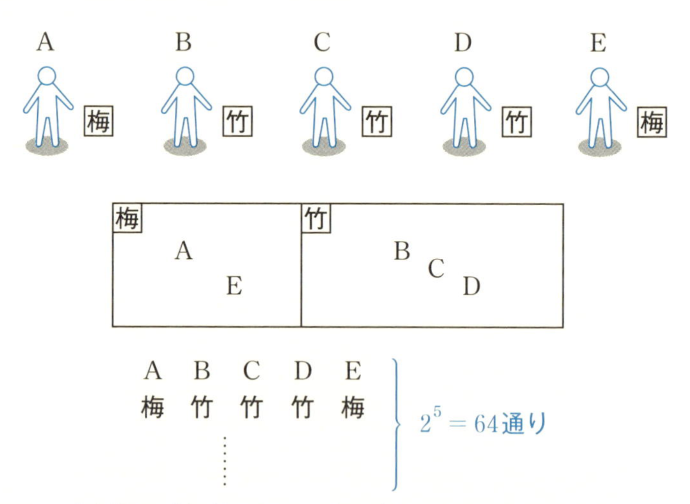

▲図2-6-1　人を部屋に割り付けるより、部屋名を人の前に並べる方が分かりやすい

これは、2種類の文字「梅」と「竹」を重複を許して5個並べる順列ですから、その総数は重複順列の公式から次の式で得られます。

$${}_2\Pi_5 = 2^5 = 32 \text{（通り）}$$

次に、空き室を作らない場合を考えます。空き室の出る場合は、すべての箱に梅が入る場合（竹の部屋が空き室）と、すべての箱に竹が入る場合（梅の部屋が空き室）の2通りだけなので、先ほどの結果からこの2つの場合の数を差し引いて32－2＝30通りとなります。

（例題）

9人の生徒を次のような組に分ける方法が何通りあるか考えてみましょう。

(1) 4人、3人、2人。

(2) 3人、3人、3人。

(3) 5人、2人、2人。

（解答）

いずれも「組」に分ける方法だけを数えるので、3つの組には区別するための名前は付いていません。

(1) 3つの組は人数が異なるので事実上区別できます。仮に4人の組をA、3人の組をB、2人の組をCとし、この順で組のメンバーを決めるとすれば、次の組合せの数が必要になります。

9人から4人選ぶ組合せ　$_9C_4 = 126$

残った5人から3人選ぶ組合せ　$_5C_3 = 10$

残った2人から2人選ぶ組合せ　$_2C_2 = 1$

積の法則から、求める組み分けの数はこれらの値の積になります。

$$_9C_4 \times {}_5C_3 \times {}_2C_2 = 1260$$（通り）

(2) 3組とも人数が同じなので、組は区別ができません。仮に、これらをA、B、Cと名付けて、あえて組を区別すれば、(1) と同様にして次の計算で組み分けの数が得られます。

$$_9C_3 \times {}_6C_3 \times {}_3C_3 = 1680$$（通り）

実際には組に名前が付いていないので区別できません。このため、A、B、Cを並べ替えた順列の数${}_3P_3=6$通りの組み分けが、実際は1通りとして数えられます。したがって、先ほど得られた1680通りの組み分けの中には、“区別してはいけない”組み分けが6通りずつカウントされていると考えます。このことから、1680を6で割った$\frac{1680}{6}=280$通りが求める組み分けの数となります。

(3) 3つの組のうち、2つの組が区別つきません。この場合は、まず、(2)と同様に、5人の組をA、2人の組をB、別の2人の組をCとして区別します。このときの組み分けの総数は (1) と同様にして次の式で得られます。

$${}_9C_5\times{}_4C_2\times{}_2C_2=756\ (\text{通り})$$

実際には、BとCが区別できないので、BとCを並べる順列の個数${}_2P_2=2$通りの組み分けが1通りとして数えられなくてはなりません。したがって、先ほど得られた756個の組み分けには、このような“区別してはいけない”組み分けが2通りずつカウントされていると考え、756を2で割った$\frac{756}{2}=378$通りが求める組み分けの数となります。

(解答了)

2-7 図形への応用

平行四辺形の数

ここでは、図形に関する問題に組合せの考え方を応用する方法を考えましょう。

横に平行な直線が5本、斜めに平行な直線が7本あります（図2−7−1）。

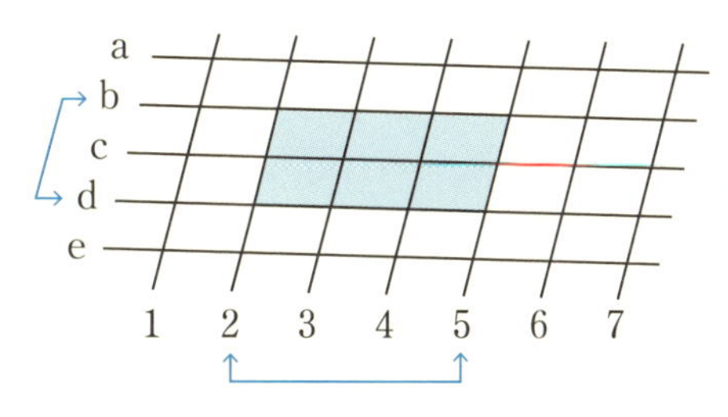

⇐ 色の付いた平行四辺形は２本と２本の直線の組合せで決まる

斜め方向の直線から２本選ぶ … $_7C_2 = 21$

横方向の直線から２本選ぶ … $_5C_2 = 10$

$_7C_2 \times {}_5C_2 = 210$　　210個の平行四辺形

▲図2-7-1　大小あわせていくつの平行四辺形があるか？

この中に平行四辺形がいくつあるか考えましょう。大きいものから小さいものまで、指でなぞって数えても途中で数え間違いをしてしまいそうです。そこで、横方向に平行な2本の直線と、斜め方向に平行な2本の直線から成る4本の直線を決めれば、必ず平行四辺形が1つ見出せることに注目します。

このような4本の直線の組が1つ決まれば必ず平行四辺形が1つ見出され、逆に、平行四辺形が1つ見出せればこのような4本の直線の組が1つだけ決まることは明らかです。つまり、このような4本の直線の組の総数を求めれば、見出せる平行四辺形のすべての数と一致するはずです。

ここで、横に平行な5本の直線から2本を選ぶ組合せの数は$_5C_2 = 10$通り、斜めに平行な7本の直線から2本を選ぶ組合せの数は$_7C_2 = 21$通りです。

積の法則よりこれらの値の積10×21＝210が平行四辺形の総数となります。指でなぞって数えきれる数ではなかったことが分かります。

三角形の数

（例題）

図2−7−2のように6本の直線が引かれています。この中に三角形がいくつ隠れているか数えてみましょう。ただし、いずれの2直線も平行ではなく、いずれの3直線も1点で交わることはないとします。

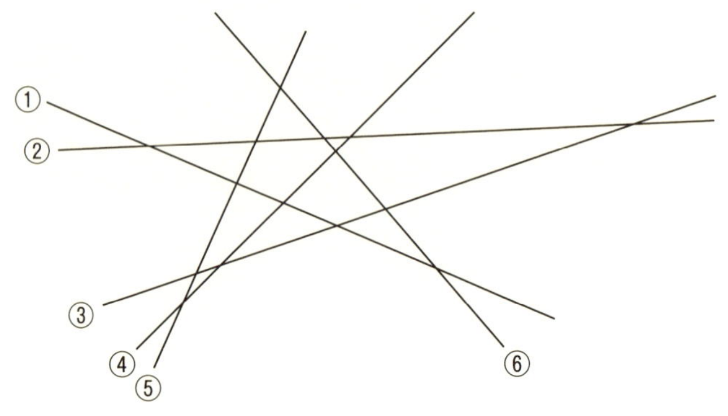

▲図2-7-2　大小あわせていくつの三角形があるかを効率よく数える

（解答）

「いずれの2直線も平行ではなく」という条件から、どの2直線を選んでも、ある三角形の2辺になりうるということが保障されています。また、「いずれの3直線も1点で交わることはない」という条件から、3本の直線は必ず1つの三角形を作る（三角形になるはずの部分が1点につぶれることがない）ということが保障されています。つまり、3本の直線は必ず1つの三角形を作り、どの三角形も、いずれか3本の直線で構成されることが分かります。したがって、6本の直線から3本を選ぶ組合せの数${}_6C_3=20$が求める三角形の個数になります。**（解答了）**

(例題)

図2－7－3のように円周上に8個の点があります。この中の点を頂点に持つ三角形はいくつあるか数えてみましょう。

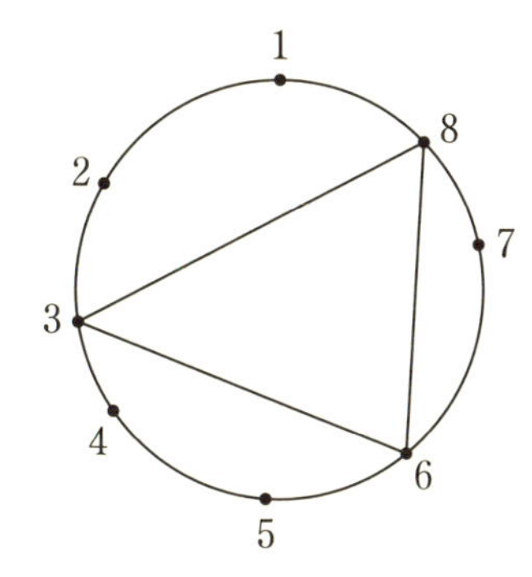

▲図2-7-3　円に内接する三角形がいくつあるかを効率よく数える

(解答)

8個の点が同一円周上にあることから、どの3点を取っても三角形が1つ構成され、3点の組合せが異なれば異なる三角形であることは明らかです。したがて、三角形は円周上の3つ点で1つ決まると考えられるので、8個の点から3個選ぶ組合せの数$_8C_3 = 56$が求める三角形の個数になります。

(解答了)

2-8 二項定理とパスカルの三角形

二項係数とパスカルの三角形

a、bの2文字から成る式$(a+b)$の2乗を展開するとどのようになるでしょう。

$$(a+b)^2=(a+b)(a+b)=a^2+ab+ba+b^2$$
$$=a^2+2ab+b^2$$

同様にして、$(a+b)^3$、$(a+b)^4$、$(a+b)^5$、……の結果を以下に示します。

$$(a+b)^3=a^3+3a^2b+3ab^2+b^3$$
$$(a+b)^4=a^4+4a^3b+6a^2b^2+4ab^3+b^4$$
$$(a+b)^5=a^5+5a^4b+10a^3b^2+10a^2b^3+5ab^4+b^5$$

ここで、右辺に並ぶ項は次のような特徴を持ちます。

(1) aの指数とbの指数の和は常に一定。
(2) 係数（文字以外の部分）の値は左右対称で1で始まり1で終わる。

(1) を分かりやすくするために、右辺の係数だけを並べたものを以下に示します。ちなみに、ここに現れる係数を「**二項係数**」と呼びます。aとbという2つの項の和のn乗を展開した際に得られることからこの名称が付いています。

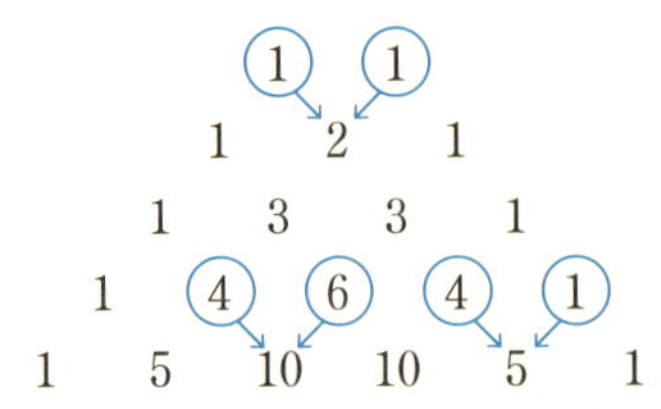

▲図2-8-1　二項係数

この図の一番上に「1」を付け加えた次の図を「**パスカルの三角形**」(Pascal's triangle) といいます。

$$
\begin{array}{ccccccccccc}
 & & & & & 1 & & & & & \\
 & & & & 1 & & 1 & & & & \\
 & & & 1 & & 2 & & 1 & & & \\
 & & 1 & & 3 & & 3 & & 1 & & \\
 & 1 & & 4 & & 6 & & 4 & & 1 & \\
1 & & 5 & & 10 & & 10 & & 5 & & 1
\end{array}
$$

▲図2-8-2　パスカルの三角形

各行の左端と右端に「1」があり、その間に並ぶ整数の値は左右対称になっています。実は、この三角形は、組合せ記号Cを用いて次のように表せます。(図2−8−3)

$$
\begin{array}{ccccccccccc}
 & & & & & {}_0C_0 & & & & & \\
 & & & & {}_1C_0 & & {}_1C_1 & & & & \\
 & & & {}_2C_0 & & {}_2C_1 & & {}_2C_2 & & & \\
 & & {}_3C_0 & & {}_3C_1 & & {}_3C_2 & & {}_3C_3 & & \\
 & {}_4C_0 & & {}_4C_1 & & {}_4C_2 & & {}_4C_3 & & {}_4C_4 & \\
{}_5C_0 & & {}_5C_1 & & {}_5C_2 & & {}_5C_3 & & {}_5C_4 & & {}_5C_5
\end{array}
$$

▲図2-8-3　パスカルの三角形は組合せ記号を用いて表すことができる

このように表せる理由を、$(a+b)^4$を展開した場合で説明します。

$(a+b)^4=(a+b)\times(a+b)\times(a+b)\times(a+b)$なので、これを展開して得られる式を次のように考えます。

まず、右辺にある4つの$(a+b)$のそれぞれからaを取り出してかければa^4という項ができます。この場合、4個の$(a+b)$からbを取り出す括弧を0個選ぶ（すなわち、bは選ばない）と考えると、${}_4C_0$ (＝1)通りあります。したがって、a^4という項は${}_4C_0$個（つまり1個）現れるので${}_4C_0\times a^4$（つまりa^4）という項が得られます。

次に、4つある$(a+b)$から、aを3個とbを1個取り出してa^3bという項を作る場合を考えます。この場合、4個の括弧からbを選ぶ括弧を1つ選べば、残りの3つからは自動的にaを選ぶことになります。その選び方は${}_4C_1$通りなので、a^3bという項は${}_4C_1$個現れるので${}_4C_1\times a^3b$という項が得

第2章 場合の数～確率計算の基本～

られます。

同様にして、${}_4C_2 \times a^2b^2$、${}_4C_3 \times ab^3$、${}_4C_4 \times b^4$という項が得られ、これら5つの項の和が展開式の結果となり、次の式が成り立ちます。

$$(a+b)^4 = {}_4C_0 a^4 + {}_4C_1 a^3 b + {}_4C_2 a^2 b^2 + {}_4C_3 ab^3 + {}_4C_4 b^4$$

（例題）

パスカルの三角形の各行の整数を合計すると2^nの形になることを確かめてみましょう。

（解答）

実際、パスカルの三角形の6行目までについて調べると、図2−8−4のように係数の和は2^nという形になっています。

$$
\begin{array}{ccccccccccccl}
 & & & & & 1 & & & & & & \longrightarrow & 1 = 2^0 \\
 & & & & 1 & & 1 & & & & & \longrightarrow & 1+1 = 2 = 2^1 \\
 & & & 1 & & 2 & & 1 & & & & \longrightarrow & 1+2+1 = 4 = 2^2 \\
 & & 1 & & 3 & & 3 & & 1 & & & \longrightarrow & 1+3+3+1 = 8 = 2^3 \\
 & 1 & & 4 & & 6 & & 4 & & 1 & & \longrightarrow & 1+4+6+4+1 = 16 = 2^4 \\
1 & & 5 & & 10 & & 10 & & 5 & & 1 & \longrightarrow & 1+5+10+10+5+1 = 32 = 2^5
\end{array}
$$

▲図2-8-4　パスカルの三角形ではn行目に並ぶ整数の和が2^{n-1}に等しい

（解答了）

こうなる理由は、後述の「二項定理」において$a=1$、$b=1$とすれば説明できます。

例えば、$a=1$、$b=1$として$(1+1)^5$の展開式を書けば、二項定理における右辺のaとbがすべて「1」なので、パスカルの三角形に並ぶ整数の和となり、それが左辺の$(1+1)^5$に等しくなることから、2^5に一致することが分かります。

$$(1+1)^5 = 1+5+10+10+5+1$$

$$1+5+10+10+5+1 = 2^5 \quad \text{（両辺を入れ替え）}$$

一般的に、組合せ記号Cには次の性質があります。

公式 $_{n}C_{r} = {}_{n-1}C_{r-1} + {}_{n-1}C_{r}$ （$n \geqq 2$　$r = 1, 2, \cdots, n-1$）

この理由は、次のように説明できます。

n個のものからr個取り出す組合せの個数$_{n}C_{r}$を考える場合、ある特定のもの（仮にxとします）に注目し、「xを含む」組合せと、「xを含まない」組合せに分けて考えます。

（Ⅰ）xを含む組合せの総数

xを除いた$n-1$個のものから、（xの分を除いた）$r-1$個のものを選び、必ずxをr個に含めると考えると、$_{n-1}C_{r-1}$通りあります。

（Ⅱ）xを含まない組合せの総数

xを除いた、$n-1$個のものからr個選ぶ組合せを考えると、$_{n-1}C_{r}$通りあります。

これらの組合せはxの有無で区別されているため、（Ⅰ）と（Ⅱ）には重複した組合せはありません。したがって、n個からr個選ぶ組合せの数は、（Ⅰ）の場合の総数と（Ⅱ）の場合の総数の合計で得られます。この結果を、組合せの個数で表現すれば、次のようになります。

$$_{n}C_{r} = {}_{n-1}C_{r-1} + {}_{n-1}C_{r} \quad (n \geqq 2 \quad r = 1, 2, \cdots, n-1)$$

（例）

{a, b, c, d, e}から3つとる組合せは？

⇒　$_{5}C_{3}$通り

$$_{5}C_{3} = \underbrace{{}_{4}C_{2}}_{(\mathrm{I})} + \underbrace{{}_{4}C_{3}}_{(\mathrm{II})}$$

⇕

$$_{n}C_{r} = {}_{n-1}C_{r-1} + {}_{n-1}C_{r}$$

【2つの場合に分けて数える】

（Ⅰ）aを含む3つの組合せ

aを含むのは決まっているので{b, c, d, e}から2つ選べばよい

⇒　$_4C_2 = 6$（通り）

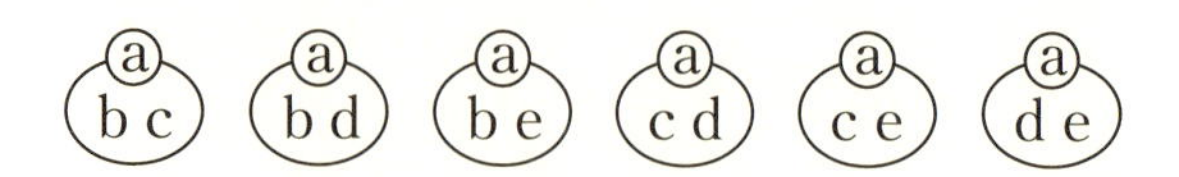

（Ⅱ）aを含まない3つの組合せ

a以外の{b, c, d, e}から3つ選べばよい

⇒　$_4C_3 = 4$（通り）

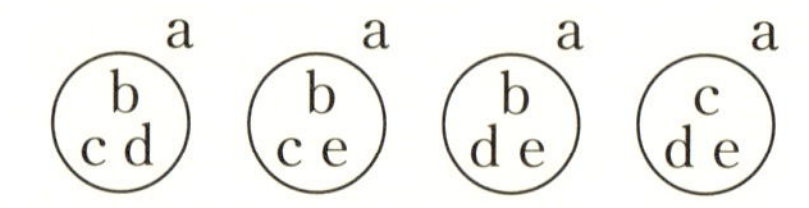

（Ⅰ）と（Ⅱ）を合わせれば、5つから3つ選ぶ組合せの総数

⇒　$_5C_3 = 10$（通り）

▲図2-8-5　特定のものxを含む組合せと含まない組合せに分けて考えると「$_nC_r = {}_{n-1}C_{r-1} + {}_{n-1}C_r$」は容易に理解できる

先に見たパスカルの三角形に再度注目すると、1以外の部分は、隣り合う整数の和が、すぐ下の行にある整数に等しくなっていることが分かります。（図2−8−1参照）

このことを組合せの式で示したわけです。

二項定理

パスカルの三角形の上から$(n+1)$番目の行には次のような数が並びます。

$$_nC_0 \quad {}_nC_1 \quad {}_nC_2 \cdots {}_nC_{n-2} \quad {}_nC_{n-1} \quad {}_nC_n$$

このことから、次の「**二項定理**」の一般式が導かれます。

公式 $(a+b)^n$

$$={}_nC_0a^nb^0+{}_nC_1a^{n-1}b^1+{}_nC_2a^{n-2}b^2+\cdots+{}_nC_ra^{n-r}b^r+\cdots$$
$$+{}_nC_{n-2}a^2b^{n-2}+{}_nC_{n-1}a^1b^{n-1}+{}_nC_na^0b^n$$

途中にある「${}_nC_ra^{n-r}b^r$」を「**一般項**」と呼び、「${}_nC_r$」を**二項係数**と呼びます。

(例題)

101^{100}の下位5桁を求めてみましょう。

(解答)

100乗という計算はとても手計算でできるものではありません。ただ、101が100+1であることに気付けば、二項定理を使って下位5桁を手計算することも可能です。

$101^{100}=(100+1)^{100}$ですから、二項定理で、$a=100$、$b=1$、$n=100$とすれば、次の式が得られます。

$$(100+1)^{100}$$
$$=(1+10^2)^{100}$$
$$=1+{}_{100}C_1\cdot10^2+{}_{100}C_2\cdot10^4+{}_{100}C_3\cdot10^6+{}_{100}C_4\cdot10^8+\cdots$$
$$=1+10000+49500000+10^6\cdot m\quad(m\text{は正の整数})$$
$$=10001+49500000+10^6\cdot m$$

49500000と$10^6\cdot m$の部分は、下5桁が「00000」ですから、101^{100}の下5桁は先頭の10001であることが分かります。**(解答了)**

2-9 多項定理

3つ以上の項のある展開式

二項定理を拡張すると、$(a+b+c)^n$ を展開した際の一般項が次の式で与えられることが分かります。

公式 $\dfrac{n!}{p!q!r!}a^p b^q c^r$

$$(p+q+r=n,\ 0\leqq p\leqq n,\ 0\leqq q\leqq n,\ 0\leqq r\leqq n)$$

これを三項定理と呼びます。この理由を簡単に説明しましょう。

$(a+b+c)^n$ は次のように $(a+b+c)$ の n 個の積です。

$$(a+b+c)^n=\overbrace{(a+b+c)(a+b+c)\cdots(a+b+c)}^{n\text{個}}$$

この右辺を展開する場合、各 $(a+b+c)$ から a、b、c のいずれか1つを取り出し、n 個の文字の積から成る項が現れます。

そこで、仮に、a を取り出す括弧の数を p、b を取り出す括弧の数を q、c を取り出す括弧の数を r としたとき、「$a^p\times b^q\times c^r$」という項がいくつ現れるか考えます。このとき、明らかに $p+q+r=n$ です。この項は、p 個の a、q 個の b、r 個の c を掛け合わせたものと見ることができます。したがって、「同じものを含む順列の公式」を使って、$\dfrac{n!}{p!q!r!}$ 個の項が現れることが分かります。

このことから、$(a+b+c)^n$ の展開式における「$a^p b^q c^r$」の係数が「$\dfrac{n!}{p!q!r!}$」であることが示せます。

ここで、$(a+b+c)^n$ を展開したときに現れる項の種類の数を考えてみます。

p、q、r は、「$p+q+r=n,\ 0\leqq p\leqq n,\ 0\leqq q\leqq n,\ 0\leqq r\leqq n$」を満たす

整数の組ですから、3数のうち2数が決まれば残りの数は決まります。そこで、(p, q)という2整数の組が何組できるかを考えます。このとき、rの値を決めておかないと(p, q)の組の個数は決まらないので、次のように場合分けします。

・$r=0$　の場合次の$n+1$通り

$(p, q)=(n, 0), (n-1, 1), (n-2, 2), \cdots, (0, n)$

・$r=1$　の場合次のn通り

$(p, q)=(n-1, 0), (n-2, 1), (n-3, 2), \cdots, (0, n-1)$

⋮

・$r=n$　の場合次の1通り

$(p, q)=(0, 0)$

つまり、$(a+b+c)^n$を展開したときに現れる項の種類の数は次の式で得られます。

$$(n+1)+n+\cdots+1$$

この式を仮にSと置くと、項の並べ順を逆にすることで、Sは次のように2通りの式で表せます。

$$\begin{array}{rccccccccl} S= & (n+1) & + & n & +\cdots+ & 2 & + & 1 & \cdots & ① \\ & \updownarrow & & \updownarrow & & \updownarrow & & \updownarrow & & \\ S= & 1 & + & 2 & +\cdots+ & n & + & (n+1) & \cdots & ② \ (+ \\ \hline & \Downarrow & & \Downarrow & & \Downarrow & & \Downarrow & & \\ & (n+1)+1 & + & n+2 & +\cdots+ & 2+n & + & 1+(n+1) & & \end{array}$$

同じSを求める式の項を逆順に並べると、上下の対応する項の和はいつも$(n+2)$になっています。

①と②の同じ辺同士を加えると、次の式が得られます。

第2章 場合の数 ～確率計算の基本～

$$S+S=\{(n+1)+1\}+\{n+2\}+\{(n-1)+3\}+\cdots+\{2+n\}+\{1+(n+1)\}$$

$$2S=(n+2)+(n+2)+(n+2)+\cdots+(n+2)+(n+2)$$

(右辺の括弧の個数は$n+1$)

$$2S=(n+1)\times(n+2)$$

両辺を2で割ることで、次の式が得られます。

$$S=\frac{(n+1)(n+2)}{2}$$

例えば、$(a+b+c)^{10}$の展開式には$\frac{(10+1)(10+2)}{2}=66$種類の項が並びます。

三項定理と同様に考えれば、四項定理、五項定理、……を導くことができます。これらを総称して「**多項定理**」といいます。

(例題)

$(a+b+c)^{10}$の展開式で、$a^2b^3c^5$の係数は何になるでしょう。

(解答)

$\frac{10!}{2!3!5!}=2520$ **(解答了)**

第3章

確率
～確からしさの計算～

確率を計算する対象となる出来事のことを「**事象**」と呼びます。ここでは、「**数学的確率**」の基本的な考え方をはじめとして、複数の事象が関係する確率を計算する際に欠かせない「**加法定理**」や「**乗法定理**」などを学びます。また、互いに影響しあわない複数の事象の確率や、同じ操作を繰り返して行う場合の確率などについて、身近な事例を通して理解を深めます。

3-1 確率の基本的な考え方

数学的確率

1章で説明したように、確率は事象の“起こりやすさ”を数値で表したものです。ここでは、数学的確率を扱うことにします。

サイコロを投げる場合、目の出方を事象と呼びましたが、事象を起こす基になるサイコロ投げなどのことを「**試行**」(**trial**)と呼びます。つまり、結果が偶然に決まるような実験あるいは観察などのことを試行と呼び、その結果として起こることがらを事象と呼ぶのです。

宝くじの場合は、“くじを引くこと”が試行で、“当たる”ということや、“はずれる”ということが事象です。

ある試行の結果として起こり得る事象をすべて集めたものが全事象Uです。集合ではUを全体集合の記号として使ったことを思い出してください。このように、確率で用いる用語は集合の用語と密接に関係しています。例えば、根元事象を1つも含まない事象、すなわち集合の形で{ }と表されるものを「**空事象**」と呼び、空集合と同じ記号「φ」(ファイ)で表します。

ここで、あらためて数学的確率を定義しておきます。

ある試行で、起こり得るすべての結果がm個あり、各結果から成る根元事象は同様に確からしいとする。このとき、事象Aの根元事象の個数をnとし、$\frac{n}{m}$で求められる値を事象Aの確率と呼び$P(A)$で表す。

ここで、**どの根元事象も同様な確からしさで起こる**という点がポイントです。言い換えれば、“すべての結果”の数に対して、“注目している結果”の数がどのくらいの“割合”あるかを表したものが確率です。このとき、大前提として、どの根元事象も同様に確からしいということです。

3-2 確率の計算の実際

いくつかの例で、確率の計算の実際を見てみましょう。

特定の2人が選ばれる確率

例えば、6人の中から2人を選ぶとき、特定の2人が選ばれる確率を求めます。根元事象の数は、6人からだれでもよいので2人を選ぶ組合せの数ですから、${}_6C_2 = \dfrac{6!}{2!(6-2)!} = 15$です。

また、特定の2人を選ぶ場合は1通りですから、求める確率は次の式で求められます。

$$\frac{1}{{}_6C_2} = \frac{1}{15}$$

3桁の奇数ができる確率

1から6までの数字から重複を許して3個の数字を選んで3桁の整数を作るとき、奇数ができる確率を求めてみましょう。

まず、根元事象の個数は、一の位、十の位、百の位のいずれも6通りの数字が考えられるので、重複順列の数え方より${}_6\Pi_3 = 6^3$となります。一方、3桁の奇数になるという事象は、一の位が1、3、5のいずれかの数字になる場合です。十の位と百の位には特に制限はなく、いずれも1から6までの6通りの数字が考えられます。したがって、樹形図を考えて、この事象に含まれる根元事象の個数は6×6×3となります。よって、求める確率は次の式で求められます。

$$\frac{6\times6\times3}{6^3} = \frac{1}{2}$$

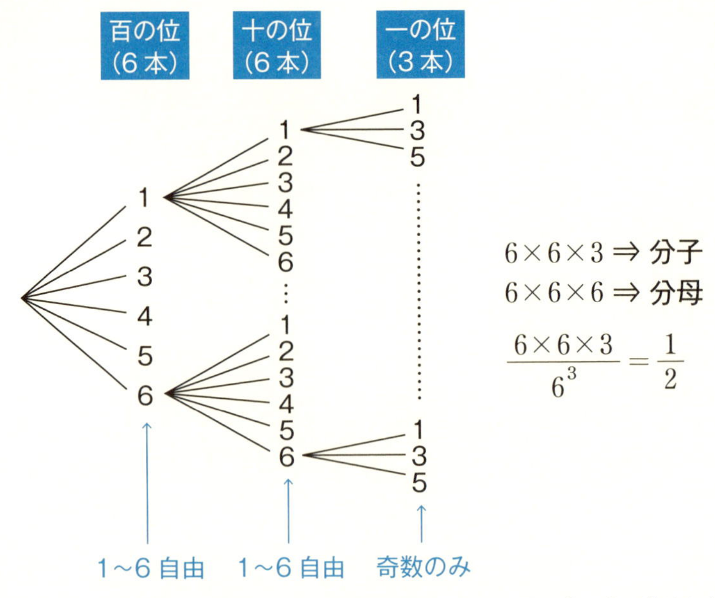

▲図3-2-1　奇数であるか否かは一の位の数で決まるので、百の位と十の位は6本の枝分かれをするが、一の位は3本の枝分かれにとどまる

ナンバーズ3の確率

(例題)

宝くじの一種である「ナンバーズ3」は、好きな3桁の数字を選んで購入します。数字の選び方で、「ストレート」、「ボックス」、「セット」、「ミニ」などの種類があります。3桁の数字を並び順まで一致したものを当選とする「ストレート」は$\frac{1}{1000}$の確率で当たります。3つの数字の組合せが同じ場合に当選となる「ボックス」の場合、次の確率を求めてみましょう。

(1) 当選番号（3桁）の各桁がすべて異なる数字の場合。

(2) 当選番号（3桁）に同じ数字が2つだけある場合。

▲図3-2-2　ナンバーズ3は好きな3桁の数字を選ぶ

(解答)

すべての場合の数は、000から999までの1000通りです。

(1) 選んだ3桁の数の各桁を、百の位から順にa、b、cとしたとき、これらを並べ替えた番号が当選番号と一致したときに賞金がもらえます。3つの数字が異なる場合の並べ替えは通常の順列を考えればよいので、${}_3P_3 = 3! = 6$通りあります。したがって$\frac{6}{1000} = \frac{3}{500}$が求める確率です。

(2) 3つの数字のうち2つだけが同じ数字の順列の数は、**2-5節**の公式より$\frac{3!}{2!1!} = 3$なので、$\frac{3}{1000}$が求める確率になります。**(解答了)**

ポーカーの役の確率

(例題)

カードゲームの一種である「ポーカー」では、トランプの5枚のカードをそろえて“役”を作ります。1回目の手札で次の役ができる確率を求めてみましょう。ただし、ジョーカーは除くことにします。

(1) ワンペア(同じ数字が2枚でそれ以外は異なる数字)。

(2) ロイヤル・ストレート・フラッシュ(同種のカードで10、J、Q、K、Aの組)。

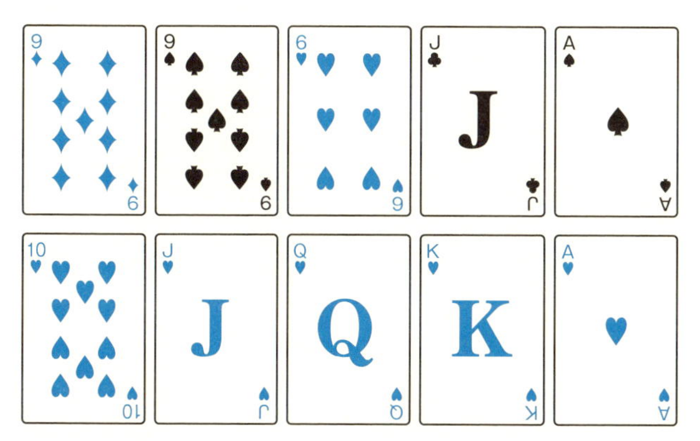

▲図3-2-3　9のワンペアと、ハートのロイヤル・ストレート・フラッシュ

(解答)

ジョーカーを除く52枚のカードから5枚を選ぶ組合せは${}_{52}C_5 = 2598960$通りです。

(1) ワンペアは、5枚のカードのうち2枚だけ同じ数字の組合せです。

まず、4枚ある同じ数字から2枚を選ぶ組合せを考えると${}_4C_2 = 6$通りあります。これが、AからKまで13通りあるので、$6 \times 13 = 78$通りとなります。

次に、残りの3枚は異なる数字でなくてはなりませんが、先ほどの2枚に共通する数字は除外して12種類の中から3枚引く組合わせで、${}_{12}C_3 = 220$通りとなります。

220通りはあくまで数字の組合せなので、カードの種類が3枚のそれぞれに4通りありますから、$4 \times 4 \times 4 = 64$倍する必要があります。

以上から、ワンペアのできる組合せは積の法則より次の式で得られます。

$$78 \times 220 \times 64 = 1098240$$

したがって、求める確率は次の通りです。

$$\frac{1098240}{2598960} \fallingdotseq 0.42 = 42\%$$

ワンペアは意外に出やすい役ということがわかります。

(2) ロイヤル・ストレート・フラッシュは、同種のカードで1通りしかありませんから、全部で4通りです。したがって、求める確率は次のようにとてつもなく小さな値になります。

$$\frac{4}{2598960} \fallingdotseq 0.0000015 = 0.00015\%$$ **(解答了)**

3-3 和事象と積事象

和事象と積事象の確率

ここでは、複数の事象から新たな事象を作る操作を考えてみます。

例えば、40人の生徒のいるクラスで、自転車を持っている生徒が30人、バイクを持っている生徒が5人、両方持っている生徒が3人いるとします。このクラスから1人選んだときに、自転車を持っている事象をA、バイクを持っている事象をBとします。

このクラスから1人選んだとき、自転車あるいはバイクを持っている生徒が選ばれる事象をAとBの「**和事象**」と呼び「$A \cup B$」(または、「$B \cup A$」)、で表します。また、自転車とバイクの両方を持っている生徒が現れる事象をAとBの「**積事象**」と呼び「$A \cap B$」(または、「$B \cap A$」)で表します。

これらは、それぞれ、集合の考え方における、和集合と共通部分に対応しています(**1-3節**参照)。

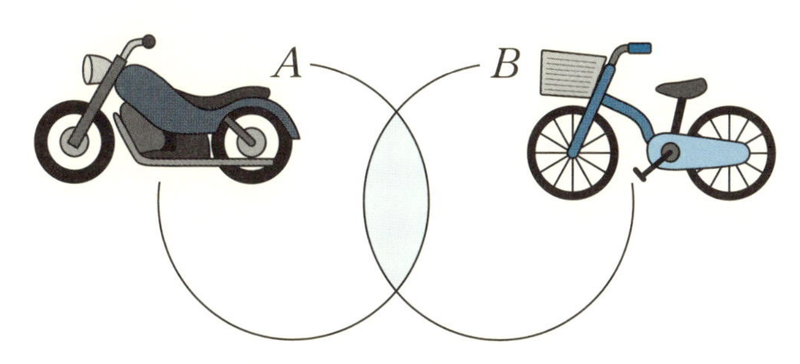

▲図3-3-1　AとBの積事象のイメージ

集合の要素の個数の場合に習って、事象Aの根元事象の個数を$n(A)$、事象Bの根元事象の個数を$n(B)$と表せば、集合の要素の数の公式から次の等式が成り立ちます(**1-5節**参照)。

$$n(A \cup B) = n(A) + n(B) - n(A \cap B)$$

この両辺を根元事象の個数$n(U)$で割れば次の式が得られます。

$$\frac{n(A \cup B)}{n(U)} = \frac{n(A) + n(B) - n(A \cap B)}{n(U)}$$
$$= \frac{n(A)}{n(U)} + \frac{n(B)}{n(U)} - \frac{n(A \cap B)}{n(U)}$$

両辺に現れる分数は、それぞれ、$P(A \cup B)$、$P(A)$、$P(B)$、$P(A \cap B)$という確率を意味しますから、次の式が得られます。

公式 $P(A \cup B) = P(A) + P(B) - P(A \cap B)$

先ほどの例では、$P(A) = \frac{30}{40}$、$P(B) = \frac{5}{40}$、$P(A \cap B) = \frac{3}{40}$ですから次の式が得られます。

$$P(A \cup B) = \frac{30}{40} + \frac{5}{40} - \frac{3}{40} = \frac{32}{40} = 0.8$$

つまり、40人から成るこのクラスから1人選ぶとき、自転車かバイクを持っている生徒が選ばれる確率は0.8であるということです。

同様に、集合の要素の数を求める公式を基にすれば、両方を持っている生徒が現れる確率は$\frac{3}{40} = 0.075$で、いずれも持っていない生徒が現れる確率は$\frac{8}{40} = 0.2$であることも容易に求められます。

余事象の確率

先ほどの例で、自転車を持っている生徒が選ばれる事象Aに対して、自転車を持っていない生徒が選ばれる事象を基の事象の「**余事象**」と呼びます。これは、集合の補集合に対応した考え方です。

一般に、事象Aの余事象を$\overline{A}$で表します。

$A \cap \overline{A} = \varphi$、$A \cup \overline{A} = U$ですから、次の式が成り立ちます。

$$P(A \cap \overline{A}) = P(\varphi) = 0$$
$$P(A \cup \overline{A}) = P(U) = 1$$

これと先ほど得られた式より、次のことが分かります。

$$P(A \cup \overline{A}) = P(A) + P(\overline{A}) - P(A \cap \overline{A})$$

$$1 = P(A) + P(\overline{A})$$

この式の両辺を入れ替えると、次の余事象の確率の公式が得られます。

公式 $P(A) + P(\overline{A}) = 1$

$P(\overline{A}) = 1 - P(A)$ **（$P(A)$を右辺に移項したもの）**

$P(A) = 1 - P(\overline{A})$ **（$P(\overline{A})$を右辺に移項したもの）**

（例題）

箱の中に、1から100までの整数の書いてあるカードが1枚ずつあり、そこから1枚を選ぶとき、次の確率を求めてみましょう。

(1) 3の倍数または5の倍数のカードを選ぶ。

(2) 3の倍数でも5の倍数でもないカードを選ぶ。

（解答）

(1) 3の倍数のカードが選ばれる事象をA、5の倍数のカードが選ばれる事象をBとします。このとき、AとBの和事象$A \cup B$と積事象$A \cap B$は次のような事象になります。

$A \cup B$　3の倍数または5の倍数であるカードを選ぶ。

$A \cap B$　3の倍数かつ5の倍数であるカードを選ぶ。

ここで、1から100までにある3の倍数は、100÷3の商が33であることから33個と分かります。同様に、100÷5の商が20であることから、5の倍数は20個あることが分かります。また、3の倍数であり5の倍数である数は15の倍数ですから、100÷15の商が6であることより、15の倍数が6個あることが分かります。以上から、$P(A \cup B)$が次の式で得られます。

$$P(A)=\frac{33}{100}$$

$$P(B)=\frac{20}{100}$$

$$P(A\cap B)=\frac{15}{100}$$

$$\begin{aligned}P(A\cup B)&=P(A)+P(B)-P(A\cap B)\\&=\frac{33}{100}+\frac{20}{100}-\frac{15}{100}\\&=\frac{38}{100}\\&=0.38\end{aligned}$$

(2)「3の倍数でも5の倍数でもないカードを選ぶ」という事象は、「3の倍数でないカードを選ぶ」という事象（つまり$\overline{A}$）と、「5の倍数でないカードを選ぶ」という事象（つまり$\overline{B}$）の積事象ですから、$P(\overline{A}\cap\overline{B})$を求めればよいということになります。

ここで、ド・モルガンの法則から、$\overline{A}\cap\overline{B}=\overline{A\cup B}$が成り立つので、$n(\overline{A}\cap\overline{B})=n(\overline{A\cup B})$となり、次の式が得られます。

$$P(\overline{A}\cap\overline{B})=P(\overline{A\cup B})$$

余事象の確率の公式から、$P(\overline{A\cup B})=1-P(A\cup B)$なので、(1) の結果を利用すれば、求める確率は次の式で得られます。

$$\begin{aligned}P(\overline{A}\cap\overline{B})&=P(\overline{A\cup B})\\&=1-P(A\cup B)\\&=1-\frac{38}{100}\\&=\frac{62}{100}\\&=0.62\end{aligned}$$

（解答了）

集合の世界	確率の世界	記号
全体集合 U	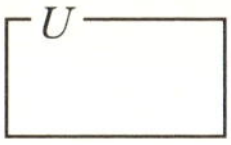 全事象 U	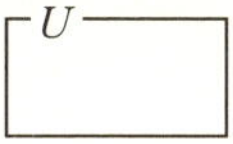 U
空集合 { }	空事象 { }	φ
共通部分	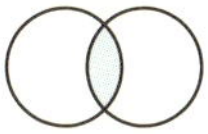 積事象	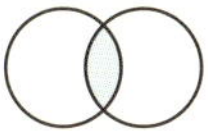 $\cap$
和集合	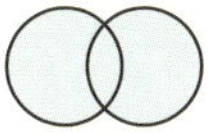 和事象	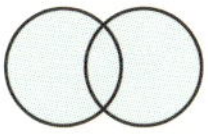 $\cup$
補集合 U A	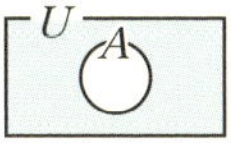 余事象 U A	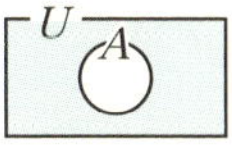 $\overline{A}$
部分集合 A B	 部分事象 A B	 $\subseteqq$ $\subset$

▲図3-3-2　集合の世界と確率の世界

3-4 和事象と加法定理

排反事象と加法定理

事象Aと事象Bの両方に属する根元事象が1つもないとき、すなわち$A \cap B = \varphi$であるとき、AとBは互いに「**排反**」の関係にあるといいます。これは、集合の言葉でいえば「互いに素」な関係に対応します。例えば、事象Aとその余事象$\overline{A}$は互いに排反の関係にあります。

事象Aと事象Bが互いに排反の関係にあるとき、$P(A \cap B) = P(\varphi) = 0$なので、次の「**加法定理**」が成り立ちます。

公式 $P(A \cup B) = P(A) + P(B)$　**(加法定理)**

2つの事象が互いに排反の関係にあれば、その和事象の確率は、個々の事象の確率を加えればよいということです。

例えば、2つのサイコロを投げたとき、「偶数のぞろ目である」という事象Aと、「奇数のぞろ目である」という事象Bは互いに排反な関係にあります。この場合、和事象$A \cup B$は「偶数のぞろ目または奇数のぞろ目である」で、その確率は$P(A) + P(B)$で得られます。

$P(A)$と$P(B)$を求めるために、2つのサイコロの目の出方を(4, 5)のように表すことにします。ここで、2つのサイコロは区別する必要があるので、(4, 5)と(4, 5)は異なる目の出方と見なします。

このとき、全事象Uは次のように表せます。

$$U = \{(1,\ 1),\ (1,\ 2),\ (1,\ 3),\ (1,\ 4),\ (1,\ 5),\ (1,\ 6),\ (2,\ 1),\ (2,\ 2),\ (2,\ 3),\ (2,\ 4),\ (2,\ 5),\ (2,\ 6),\ (3,\ 1),\ (3,\ 2),\ (3,\ 3),\ (3,\ 4),\ (3,\ 5),\ (3,\ 6),\ (4,\ 1),\ (4,\ 2),\ (4,\ 3),\ (4,\ 4),\ (4,\ 5),\ (4,\ 6),\ (5,\ 1),\ (5,\ 2),\ (5,\ 3),\ (5,\ 4),\ (5,\ 5),\ (5,\ 6),\ (6,\ 1),\ (6,\ 2),\ (6,\ 3),\ (6,\ 4),\ (6,\ 5),\ (6,\ 6)\}$$

したがって、$n(U) = 6 \times 6 = 36$です。

また、AとBについても、次のことが分かります。

$A=\{(2,\ 2),\ (4,\ 4),\ (6,\ 6)\}$なので$n(A)=3$

$B=\{(1,\ 1),\ (3,\ 3),\ (5,\ 5)\}$なので$n(B)=3$

したがって、求める確率は次の式で得られます。

$$P(A\cup B)=P(A)+P(B)=\frac{3}{36}+\frac{3}{36}=\frac{6}{36}=\frac{1}{6}$$

さらに、3つ以上の事象についても、どの2つをとっても互いに排反な関係にあれば、すべての事象の和事象の確率は、個々の事象の確率の和に等しくなります。式で表せば次のようになります。

公式 $P(A\cup B\cup C)=P(A)+P(B)+P(C)$

ただし、$A\cap B=\varphi$、$B\cap C=\varphi$、$C\cap A=\varphi$

公式 $P(A_1\cup A_2\cup\cdots\cup A_n)=P(A_1)+P(A_2)+\cdots+P(A_n)$

ただし、どのようなi, j $(i\neq j)$**を取っても、**$A_i\cap A_j=\varphi$

いずれかの賞が当たる確率

(例題)

くじを1回引く場合、1等の当る確率が$\frac{3}{100}$、2等の当る確率が$\frac{15}{100}$、3等の当る確率が$\frac{30}{100}$であるとき、1等または2等または3等の当る確率を求めてみましょう。

(解答)

1等が当たる、2等が当たる、3等が当たるという事象は、どの2つも同時に起こることはありません。したがって、いずれかの等が当たるという事象はこれらの事象の和事象で、その確率は次の式で得られます。

$$\frac{3}{100}+\frac{15}{100}+\frac{30}{100}=\frac{48}{100}=0.48$$ **(解答了)**

第3章 確率 ～確からしさの計算～

3-5 積事象と乗法定理

条件付き確率と乗法定理

和事象$A \cup B$の確率$P(A \cup B)$を求める公式では、事象Aと事象Bが互いに排反である場合は加法定理が成り立つので$P(A)$と$P(B)$だけで計算できます。そうでない場合は、$P(A \cap B)$の値を求める必要があることを知りました。ここでは、事象Aと事象Bの積事象の確率$P(A \cap B)$について詳しく調べてみます。

例えば、サイコロを1つ投げたとき、「偶数の目が出る」という事象をAとし、「3以上の目が出る」という事象をBとすると、$A \cap B = \{4,\ 6\}$ですから$P(A \cap B) = \frac{2}{6} = \frac{1}{3}$です。

ここで、「**条件付き確率**」という考え方を導入します。これは、「**事象Aが起こるという条件の下で事象Bが起こる**」という確率のことで、「$P_A(B)$」と表します。

この例でいえば、$P_A(B)$は「偶数の目が出るという条件の下で3以上の目が出る」という確率なので、「2, 4, 6のいずれかの目が出る」という条件の下で「3以上の目が出る」という確率、すなわち「4か6の目が出る」という確率となり、それは$\frac{2}{3}$となります。つまり、条件付き確率$P_A(B)$は、"全事象を$\{2,\ 4,\ 6\}$と見なした"ときに事象Bの起こる確率といえます。

このとき、事象Aと事象Bの積事象$A \cap B$の確率$P(A \cap B)$は次の「**乗法定理**」で得られます。

公式 $P(A \cap B) = P(A) \times P_A(B)$ **(乗法定理)**

この式が成り立つ理由をもう少し考えてみましょう。

条件付き確率$P_A(B)$の定義から、この値は、事象Aに属する根元事象の中で、特に事象$A \cap B$に属する根元事象の占める割合、$\frac{n(A \cap B)}{n(A)}$で求められます。

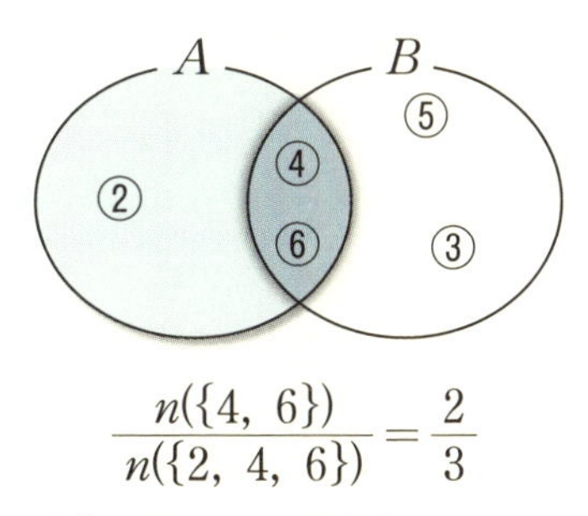

$$\frac{n(\{4,\ 6\})}{n(\{2,\ 4,\ 6\})}=\frac{2}{3}$$

▲図3-5-1　事象Aを全体と見て$A\cap B$を部分ととらえるのが「条件付き確率」

$$P_A(B)=\frac{n(A\cap B)}{n(A)}$$

右辺の分子と分母を$n(U)$で割ると次の式が得られます。

$$P_A(B)=\frac{\dfrac{n(A\cap B)}{n(U)}}{\dfrac{n(A)}{n(U)}}$$

ここで、$\dfrac{n(A\cap B)}{n(U)}$は$P(A\cap B)$、$\dfrac{n(A)}{n(U)}$は$P(A)$ですから、次の式が得られます。

$$P_A(B)=\frac{P(A\cap B)}{P(A)}$$

両辺に$P(A)$をかけると、次の乗法定理が得られます。

$$P(A)\times P_A(B)=P(A\cap B)$$

$$P(A\cap B)=P(A)\times P_A(B)\ \text{（両辺を入れ替え）}$$

例えば、白玉3個と赤玉2個が入っている袋から、1個ずつ2回続けて玉を取り出すとき、2個とも白玉である確率を求めてみましょう。ただし、取り出した玉は元に戻さないとします。1回目に白玉を取り出す事象をA、2回目に白玉を取り出す事象をBとすれば、求める確率は$P(A\cap B)$です。

ここで、$P(A)=\dfrac{3}{5}$です。また、事象Aが起こったという条件で事象Bが起こる確率$P_A(B)$は、1回目に白玉を取り出した後に2回目も白玉を取り出す場合の確率ですから、次の式で求められます。

$$P_A(B)=\frac{\text{袋に残っている白玉の個数}}{\text{袋に残っている玉の総数}}$$

$$=\frac{3-1}{5-1}$$

$$=\frac{2}{4}$$

$$=\frac{1}{2}$$

以上のことから、乗法定理より次の結果が得られます。

$$P(A\cap B)=P(A)\times P_A(B)$$

$$=\frac{3}{5}\times\frac{1}{2}$$

$$=\frac{3}{10}$$

$$=0.3$$

ちなみに、1回目に取り出した玉を袋に戻す場合は、2つの事象が互いの起こり方に影響しません。このような場合、2つの事象は「**独立**」であるといいます。この例では、2個とも白玉である確率は次の式で得られます。

$$P(A\cap B)=P(A)\times P(B)$$

$$=\frac{3}{5}\times\frac{3}{5}$$

$$=\frac{9}{25}$$

$$=0.36$$

すべて命中させる確率

(例題)

正方形の板が3枚×3枚で敷き詰められた大きな枠があります。これをめがけてボールを9回投げたとき、9枚すべての板に命中して打ち抜く確率を求めてみましょう。ただし、命中する確率はどの板についても同じで、投球が枠からはずれるということはないとします。また、1回の投球で2枚以上の板に命中するということはないとします。

▲図3-5-2 "ストラックアウト"で9回投げて9枚すべてを打ち抜く

(解答)

9球で全部の板に命中させるので、各回ごとに残っている板に命中させる確率をそれぞれ求めます。

第1回で命中する確率$=\dfrac{9}{9}$ (枠からはずれないので必ず命中)

第2回で命中する確率$=\dfrac{8}{9}$ (9個の枠から残り8枚のいずれかが命中)

第3回で命中する確率$=\dfrac{7}{9}$ (9個の枠から残り7枚のいずれかが命中)

⋮

第9回で命中する確率$=\dfrac{1}{9}$ (9個の枠から残り1枚が命中)

求める確率は次の式で与えられます。

$$\frac{9}{9}\times\frac{8}{9}\times\frac{7}{9}\times\frac{6}{9}\times\frac{5}{9}\times\frac{4}{9}\times\frac{3}{9}\times\frac{2}{9}\times\frac{1}{9}\fallingdotseq 0.0009$$ **(解答了)**

9球で全部を命中させる確率は、0.1%にも満たない小さな値になります。

3-6 余事象に注目した確率の計算

事象Aに対して「Aが起こらない」という事象をAの余事象と呼び$\overline{A}$で表しました。$P(A)=p$ならば、$P(\overline{A})=1-p$です。ここでは、事象の確率をその余事象に注目して求めるというアプローチが有効な例をいくつか紹介します。いわば、“目の付け所を変える”という手法です。

“以外”という表現のある事象の確率計算

(例題)

サイコロを投げたときに、1以外の目の出る確率を求めましょう。

(解答)

「1以外」という表現が注目点で、「1以外」より「1」の方がバリエーションが少なく計算しやすいと考えましょう。

1以外の目の出方は5種類です。これらは互いに排反な事象なので、それぞれの場合の確率を求めて、5つの確率の和を求めれば1以外の目の出る確率が求まります。この場合は、$5\times\frac{1}{6}$と容易に求められます。しかし、「1以外の目が出る」という事象をAとして、Aの余事象$\overline{A}$である「1の目が出る」の確率を求め、余事象の確率の公式を使って、次のように求める方がシンプルです。

$$
\begin{aligned}
P(A)&=1-P(\overline{A})\\
&=1-\frac{1}{6}\\
&=\frac{5}{6}
\end{aligned}
$$

(解答了)

結果の数が少ない方に目を付けた確率計算

（例題）

2つのサイコロを投げたときに、目の和が10以下になる確率を求めましょう。

（解答）

事象Aを「目の和が10以下になる」とすると、Aの余事象$\overline{A}$は「目の和が11以上になる」です。$\overline{A}$は、事象「目の和が11になる」と事象「目の和が12になる」の和事象で、これらの事象は互いに排反なので2つの事象の確率の和で$P(\overline{A})$が与えられます。

ここで、2つのサイコロの目の出方は、(1, 1)、(1, 2)、……、(6, 6)の36通りです。目の和が11になるのは、(5, 6)と(6, 5)の2通りで、目の和が12になるのは、(6, 6)の1通りです。したがって、$P(\overline{A})$は次の式で容易に得られます。

$$P(\overline{A})=\frac{2}{36}+\frac{1}{36}$$
$$=\frac{3}{36}$$
$$=\frac{1}{12}$$

したがって、$P(A)$は次の式で得られます。

$$P(A)=1-P(\overline{A})$$
$$=1-\frac{1}{12}$$
$$=\frac{11}{12}$$ **（解答了）**

"少なくとも"という表現のある事象の確率計算

（例題）

毎回$\frac{1}{10}$の確率で当たるくじを連続して5回引いたとき、少なくとも1回当たる確率を求めてみましょう。

（解答）

「**少なくとも**」という表現が注目点です。この表現を見たら、求める**条件の否定**を考え、余事象の確率を楽に計算できないか考えてみます。事象Aを「少なくも1回当たる」とすれば、余事象$\overline{A}$は「まったく当たらない」です。つまり、$P(\overline{A})$は5回連続してはずれる確率なので$\left(\frac{9}{10}\right)^5$です。これから、$P(A)$は次の式で求められます。

$$
\begin{aligned}
P(A) &= 1-P(\overline{A}) \\
&= 1-\left(\frac{9}{10}\right)^5 \\
&= \frac{40951}{100000} \\
&= 0.40951
\end{aligned}
$$

（解答了）

（例題）

勝率50%の選手A、勝率40%の選手B、勝率30%の選手Cがいたとき、3人のうち少なくとも1人が勝つ確率を求めましょう。

（解答）

求める事象をXとすれば、Xの余事象$\overline{X}$は「3人とも勝たない」となり、その確率$P(\overline{X})$は次の式で得られます。

$$
\begin{aligned}
P(\overline{X}) &= (1-0.5)\times(1-0.4)\times(1-0.3) \\
&= 0.5\times0.6\times0.7 \\
&= 0.21
\end{aligned}
$$

したがって、求める確率$P(X)$は次の式で得られます。

$$
\begin{aligned}
P(X) &= 1 - P(\overline{X}) \\
&= 1 - 0.21 \\
&= 0.79 \quad \textbf{（解答了）}
\end{aligned}
$$

（例題）

袋の中に赤玉が8個、白玉が7個入っています。この袋から、同時に4個の玉を取り出すとき、少なくとも1個は白玉である確率を求めましょう。

（解答）

事象Aを「少なくとも1個は白玉である」とすれば、余事象$\overline{A}$は「すべて赤玉である」となり、こちらの方がシンプルだということが分かります。8個と7個で合計15個の玉が袋に入っていますから、ここから4個の玉を取り出す方法は${}_{15}C_4$通りです。Aの余事象$\overline{A}$の確率を求めるために、8個の赤玉から4個の玉を取り出す場合の数を求めると${}_{8}C_4$となります。したがって、確率$P(\overline{A})$は次の式で得られます。

$$
\begin{aligned}
P(\overline{A}) &= \frac{{}_{8}C_4}{{}_{15}C_4} \\
&= \frac{\dfrac{8\times7\times6\times5}{4\times3\times2\times1}}{\dfrac{15\times14\times13\times12}{4\times3\times2\times1}} \\
&= \frac{8\times7\times6\times5}{15\times14\times13\times12} \\
&= \frac{2}{39}
\end{aligned}
$$

したがって、$P(A)$は次の式で得られます。

$$P(A)=1-P(\overline{A})$$
$$=1-\frac{2}{39}$$
$$=\frac{37}{39}$$
$$\fallingdotseq 0.95$$ **（解答了）**

同じ誕生日の生徒がいる確率

（例題）

40人のクラスの中で、同じ誕生日の2人組がいる確率を求めてみましょう。ただし、2月29日生まれの人はこのクラスにはいないものとします。

▲図3-6-1　40人のクラスで同じ誕生日の2人組がいる確率は90%近い

（解答）

誕生日が同じだなんて、そうそう起こることではないと思いますが、実は、40人も集まると確率はかなり大きな値になります。

この問題も余事象を使うと便利です。事象A「クラスの中で誕生日が同じ2人組がいる」の余事象は、$\overline{A}$「クラスの中で誕生日が同じ2人組がいない」となります。

まず、だれでもよいので、クラスから1人選びます。2人目を選んだとき、1人目の誕生日と異なる確率は、1人目の誕生日を除いた364日のどこかであるはずなので$\frac{364}{365}$です。3人目を選んだ場合も同様に考え、最初の2人と誕生日が異なる確率を求めると、$\frac{363}{365}$となります。これを続けていくと、40人目の誕生日が、それまでに選んだ39人の誕生日と異なる確率は$\frac{326}{365}$となります。

この結果、余事象$\overline{A}$の確率は、これら39個の確率の積で得られますので、求める事象Aの確率は次のようになります。

$$
\begin{aligned}
P(A) &= 1-P(\overline{A}) \\
&= 1-\frac{364}{365}\times\frac{363}{365}\times\cdots\times\frac{326}{365} \\
&\fallingdotseq 1-0.11 \\
&= 0.89
\end{aligned}
$$
（解答了）

クラスに40人いると、同じ誕生日の2人組が存在する確率は約90％近くになります。

ごく小さな確率を計算する場合の工夫

3つの賞が用意されているくじがあります。それぞれの賞の当たる確率が、0.0001、0.0005、0.001であるとするとき、少なくとも1つの賞が当たる確率を求めてみましょう。

事象Aを「少なくとも1つの賞が当たる」とすれば、余事象$\overline{A}$は「どの賞も当たらない」になります。これより、$P(A)$は次の式で得られます。

$$
\begin{aligned}
P(A) &= 1-P(\overline{A}) \\
&= 1-(1-0.0001)\times(1-0.0005)\times(1-0.001) \\
&= 0.00159935\cdots
\end{aligned}
$$

実は、この確率は3つの賞の当選確率の和「$0.0001+0.0005+0.001=0.0016$」とほぼ同じ値になります。この理由を簡単に説明しましょう。

$P(\overline{A})$を求める式「$(1-0.0001)\times(1-0.0005)\times(1-0.001)$」を展開すると次のような式になります。

$$
\begin{aligned}
P(\overline{A}) &= (1-0.0001)\times(1-0.0005)\times(1-0.001) \\
&= 1-(0.0001+0.0005+0.001) \\
&\quad \underline{+(0.0001\times 0.0005+0.0005\times 0.001+0.001\times 0.0001)} \\
&\quad \underline{-0.0001\times 0.0005\times 0.001}
\end{aligned}
$$

基になった3つの確率の値がいずれも極めて小さいため、下線部の値が無視できるくらい小さくなるので、下線部以外の「$1-(0.0001+0.0005+0.001)$」で$P(\overline{A})$の"近似値"が求められるのです。

したがって、$P(A)$の近似値は次の式で得られます。

$$
\begin{aligned}
P(A) &= 1-P(\overline{A}) \\
&\fallingdotseq 1-\{1-(0.0001+0.0005+0.001)\} \\
&= 0.0001+0.0005+0.001 \\
&= 0.0016
\end{aligned}
$$

このことは、4つ以上の確率の積になっても同じで、個々の確率の値が極めて小さいとき、"少なくとも1つが起こる"という確率は、個々の確率の和で近似できます。

3-7 独立試行の確率

試行の結果が他の事象に影響しない場合の確率

ここでは、複数の試行の結果が他の試行の結果に影響を与えない場合について考えます。

例えば、箱の中に10本のくじが入っていて、当たりくじが3本含まれるとします。Aさん、Bさんの順でくじを1本ずつ引くとき、Aさんがくじを引く試行をT_1、Bさんがくじを引く試行をT_2とします。また、Aさんが当たりくじを引く事象をA、Bさんが当たりくじを引く事象をBとします。

引いたくじは必ず箱に戻すという条件にすれば、試行T_1の結果と試行T_2の結果は互いに影響することはありません。このような関係にあるとき、2つの試行は互いに「**独立**」であるといいます。ちなみに、3つ以上の試行についても、どの試行の結果も他の試行の結果に影響を与えないとき、これらの試行は互いに独立であるといいます。

2つの試行T_1、T_2が独立なら$P_A(B)=P(B)$ですから、乗法定理よりAとBの積事象の確率$P(A\cap B)$は次の式で得られます。

公式 $P(A\cap B)=P(A)\times P(B)$ **（試行T_1と試行T_2が独立の場合）**

例えば、白と黒2つのサイコロを同時に投げるとき、白を投げるという試行をT_1、黒を投げるという試行をT_2とすれば、T_1とT_2は独立です。ここで、Aを白いサイコロの目が3となる事象、Bを黒いサイコロの目が3となる事象とすれば、3の“ぞろ目”の出る確率は$P(A)\times P(B)=\frac{1}{6}\times\frac{1}{6}=\frac{1}{36}$となります。

この状況は、1つのサイコロを2回続けて投げた場合と同じで、ぞろ目の出る確率は$\frac{1}{36}$です。

3つ以上の試行について、それらが独立であれば、各試行で起こる事象A、B、Cについて、同様な式が成り立ちます。

公式 $P(A \cap B \cap C) = P(A) \times P(B) \times P(C)$
（試行が互いに独立の場合）

入試に合格する確率

K君はA、B、Cの3つの大学を受験する予定ですが、模擬試験の結果、それぞれの大学の合格可能性が80%、90%、85%と判定とされました。

大学	合格率
A	80%
B	90%
C	85%

▲図3-7-1　3つの大学すべてに合格するか？どこか1つにはひっかかるか？

まず、3つの大学すべてに合格する確率を求めてみます。

大学A、大学B、大学Cに合格するという事象を、それぞれA、B、Cとすれば、$P(A)=0.8$、$P(B)=0.9$、$P(C)=0.85$です。3つの大学を受験することが互いに独立な試行と考えれば、3つの大学すべてに合格するという事象$A \cap B \cap C$の確率は、次の式で求められます。

$$P(A \cap B \cap C) = P(A) \times P(B) \times P(C)$$
$$= 0.8 \times 0.9 \times 0.85$$
$$= 0.612$$

次に、いずれか1つの大学に合格する確率を求めてみましょう。求める確率は$P(A \cup B \cup C)$ですが、この場合は、余事象「3つすべてが不合格」に注目すると計算がシンプルになります。$A \cup B \cup C$の余事象は、ド・モルガンの法則より$\overline{A} \cap \overline{B} \cap \overline{C}$ですから、$n(\overline{A \cup B \cup C}) = n(\overline{A} \cap \overline{B} \cap \overline{C})$となり、次の式で求められます。

$$
\begin{aligned}
P(A \cup B \cup C) &= 1 - P(\overline{A \cup B \cup C}) \\
&= 1 - P(\overline{A} \cap \overline{B} \cap \overline{C}) \\
&= 1 - P(\overline{A}) \times P(\overline{B}) \times P(\overline{C}) \\
&= 1 - (1 - 0.8) \times (1 - 0.9) \times (1 - 0.85) \\
&= 1 - 0.2 \times 0.1 \times 0.15 \\
&= 1 - 0.003 \\
&= 0.997
\end{aligned}
$$

K君がいずれか1つの大学に合格するのはほぼ確実ですが、すべての大学に合格する確率は60%強ということになります。

3-8 反復試行の確率

同じ試行を繰り返す場合の確率

サイコロを何回か続けて投げるときのように、毎回の試行が独立である場合「**反復試行**」といいます。反復試行における確率の計算は、乗法定理より毎回の試行結果としての事象の確率の積で得られます。

ある試行で事象Aが起こる確率がpであるとします。このとき、事象Aが起こらない確率は余事象の確率の公式より$1-p$となります。この試行をn回繰り返すとき、事象Aがn回中ちょうどr回起こる確率は次の式で得られます。

公式 ${}_nC_r p^r (1-p)^{n-r} \quad (r=0,\ 1,\ \cdots,\ n)$ **（反復試行の確率）**

例えば、白玉3個と黒玉5個の入った袋から1個の玉を取り出し、色を確認したら玉を袋に戻すという試行を4回繰り返すとき、黒玉をちょうど2回取り出す確率は、次の式で求められます。

$$ {}_4C_2\left(\frac{5}{8}\right)^2\left(\frac{3}{8}\right)^2 $$

先ほどの公式をこの例で説明してみましょう。先頭の「${}_4C_2$」は、袋から玉を取り出すという4回の試行から（黒玉を取り出す）2回を選ぶ方法の数です。これは、1回目から4目までの取り出しに1から4という順番を付け、この中から2か所を選んで黒玉が取り出される場合の数を計算していると考えれば理解できるでしょう。また、黒玉が取り出される確率はいずれの回も$\frac{5}{8}$です。一方、4回中別の2回は白玉が取り出され、その確率はいずれの回も（白玉を取り出す事象は黒玉を取り出す事象の余事象なので）$1-\frac{5}{8}=\frac{3}{8}$です。このことから、求める確率は乗法定理より次の式が得られます。

$$\left(\frac{5}{8}\right)^2\left(\frac{3}{8}\right)^2$$

このような場合が${}_4C_2=6$通りあるので、黒玉をちょうど2回取り出す確率は次の式で得られます。

$$ {}_4C_2\left(\frac{5}{8}\right)^2\left(\frac{3}{8}\right)^2=\frac{6\times15^2}{8^4} $$
$$ \fallingdotseq 0.3296 $$

当てずっぽうに解答して正解する確率

(例題)

あるテストで問題が10題出されたとします。いずれも4択で回答することになっているのですが、すべての問題を“当てずっぽう”で選択肢を選んだとき、次の場合の確率はどうなるでしょう。

(1) 全問正解。

(2) 全問不正解。

(3) 2問だけ正解。

(4) 8問だけ正解。

(5) 8問以上が正解。

(解答)

いずれの問題も当てずっぽうで選択肢を選ぶので、10回の試行は互いに独立であり、どの問題も4択なので正解する確率は$\frac{1}{4}$と考えられます。反復試行の確率の公式「${}_nC_r p^r(1-p)^{n-r}$」を適用するにあたり、$n=10$、$p=\frac{1}{4}$であることに注意します。

(1) の確率は公式を適用して、次の式で得られます。

$$ {}_{10}C_{10}\left(\frac{1}{4}\right)^{10}\left(1-\frac{1}{4}\right)^0=\left(\frac{1}{4}\right)^{10}\fallingdotseq 0.00000095 $$

(0でない数の0乗は1と決められています。)

(2) の場合は「正解が0問」の確率を求めればよいので、次の式で得られます。

$${}_{10}C_0\left(\frac{1}{4}\right)^0\left(\frac{3}{4}\right)^{10}=\left(\frac{3}{4}\right)^{10}\fallingdotseq 0.056314$$

(${}_{10}C_0$は1です。)

(3) の場合は次の式で得られます。

$${}_{10}C_2\left(\frac{1}{4}\right)^2\left(\frac{3}{4}\right)^8=45\times\frac{3^8}{4^{10}}\fallingdotseq 0.281568$$

(4) の場合は、「2問だけが不正解」の場合と考えて求めると計算が楽になります。

$${}_{10}C_2\left(\frac{3}{4}\right)^2\left(\frac{1}{4}\right)^8=45\times\frac{9}{4^{10}}\fallingdotseq 0.000386$$

(5) の場合は、「8問だけ正解」と「9問だけ正解」と「全問正解」という3つの事象の和事象であり、これらが互いに排反の関係にあるので、加法定理によりこれらの事象の確率の和で求められます。「8問だけ正解」の確率は(4) で、「全問正解」の確率は (1) で求めてあります。「9問だけ正解」は「1問だけ不正解」と考えると、その確率は次の式で得られます。

$${}_{10}C_1\left(\frac{3}{4}\right)^1\left(\frac{1}{4}\right)^9=\frac{30}{4^{10}}$$

以上から、求める確率は次のようになります、

$$45\times\frac{9}{4^{10}}+\left(\frac{1}{4}\right)^{10}+\frac{30}{4^{10}}=\frac{436}{4^{10}}\fallingdotseq 0.000416$$ **(解答了)**

2人によるコイン投げの確率

（例題）

A、Bの2人が1枚のコインを3回ずつ投げるとき、次の確率を求めてみましょう。

(1) Aが表を2回出し、Bが表を1回以下出す。

(2) Aが表を出す回数の方が、Bが表を出す回数より多い。

（解答）

(1) Aが3回中2回だけ表を出す確率は${}_3C_2\left(\frac{1}{2}\right)^2\left(\frac{1}{2}\right)$です。

Bが表を1回以下出す確率は、表を1回出す事象と、表を1回も出さない事象の和事象で、この2つの事象は互いに排反なので、求める確率は次の式で得られます。

$$ {}_3C_1\left(\frac{1}{2}\right)\left(\frac{1}{2}\right)^2+\left(\frac{1}{2}\right)^3 $$

よって、求める確率は次の式で得られます。

$$ {}_3C_2\left(\frac{1}{2}\right)^2\left(\frac{1}{2}\right)\left\{{}_3C_1\left(\frac{1}{2}\right)\left(\frac{1}{2}\right)^2+\left(\frac{1}{2}\right)^3\right\}=\frac{3}{8}\times\frac{1}{2}=\frac{3}{16}=0.1875 $$

(2) Aが表を出す回数の方が、Bが表を出す回数より多い場合は、次の3通りに分けることができます。これらは同時に起こることはないので、加法定理より、それぞれの確率の和で求められます。

①Aが表を1回出し、Bが表を出さない

②Aが表を2回出し、Bが表を1回以下出す

③Aが表を3回出し、Bが表を2回以下出す

①の場合の確率は、(1) と同様に考えて、

${}_3C_1\left(\frac{1}{2}\right)^1\left(\frac{1}{2}\right)^2\times\left(\frac{1}{2}\right)^3=\frac{3}{64}$です。

②の場合の確率は (1) より$\frac{3}{16}$です。

③の場合の確率は、(1) と同様に考えれば、「Aが表を3回出す」確率と「Bが表を2回以下出す」確率の積です。「Aが表を3回出す」確率は${}_3C_3\left(\frac{1}{2}\right)^3\left(\frac{1}{2}\right)^0=\frac{1}{8}$と求まります。「Bが表を2回以下出す」は「Bが表を3回出す」の余事象であることに注意すれば、余事象の確率の公式より、$1-{}_3C_3\left(\frac{1}{2}\right)^3\left(\frac{1}{2}\right)^0=1-\frac{1}{8}=\frac{7}{8}$と求まります。

よって、③の場合の確率は$\frac{1}{8}\times\frac{7}{8}=\frac{7}{64}$です。

以上から、求める確率は次の式で得られます。

$\frac{3}{64}+\frac{3}{16}+\frac{7}{64}=\frac{22}{64}\fallingdotseq 0.3438$　　**(解答了)**

サイコロで進む方向を選ぶ試行の確率

(例題)

図3−8−1のように、円周上に4つのポイントがあります。太郎さんはポイントAに立っているのですが、サイコロを投げて3の倍数の目が出たら左回り（時計の針と反対方向）に1区間移動し、それ以外の目が出たら右回り(時計の針と同じ方向)に1区間移動するとします。このとき、次の確率を求めてみましょう。

(1) 3回サイコロを投げた時点でBに立っている確率。

(2) 5回サイコロを投げた時点でBに立っている確率。

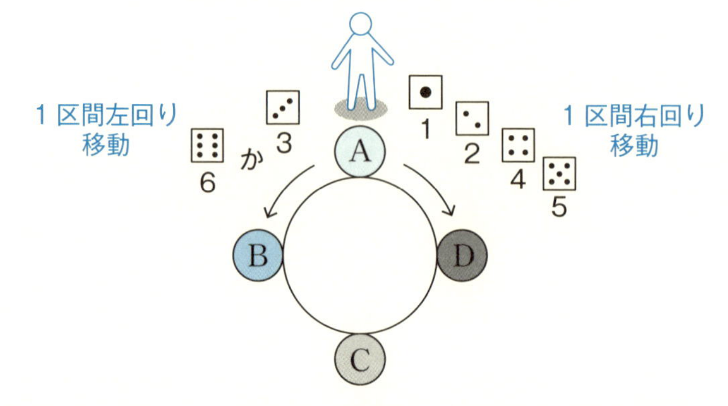

▲図3-8-1　投げたサイコロの目が3の倍数であるか否かで、左回りと右回りを決める

（解答）

サイコロを1回投げるとき、左回り移動する確率は$\frac{1}{3}$、右回り移動する確率は$\frac{2}{3}$です。

(1) 3回サイコロを投げたうちr回（$r=0, 1, 2, 3$）左回りしたとすれば、右回りは$3-r$回となります。したがって、3回投げた時点でポイントBに立つということは、左回りに1区間移動するか、反対の右回りに3区間移動することになり、次のいずれかの式が成り立つことになります。

$r-(3-r)=1$（左回りに1区間移動）

$r-(3-r)=-3$（右回りに3区間移動）

これより、$r=2$か$r=0$であることが分かります。

$r=2$の場合、左回りが2回で、右回りが1回ですから、確率は次の式で求められます。

$${}_3C_2\left(\frac{1}{3}\right)^2\left(\frac{2}{3}\right)$$

$r=0$の場合、右回りが3回ですから、確率は$\left(\frac{2}{3}\right)^3$で求められます。

以上から、求める確率は加法定理より次の式で求められます。

$${}_3C_2\left(\frac{1}{3}\right)^2\left(\frac{2}{3}\right)+\left(\frac{2}{3}\right)^3=\frac{14}{27}\fallingdotseq 0.519$$

(2) (1)と同様にして、5回サイコロを投げたうちr回（$r=0, 1, 2, 3, 4, 5$）左回りしたとすれば、次の式が成り立ちます。

$r-(5-r)=5$

$r-(5-r)=1$

$r-(5-r)=-3$

これより、$r=5, 3, 1$のいずれかの場合に、5回サイコロを投げた時点でポイントBに立つことが分かります。

(1) と同様にして、それぞれの場合の確率の和を求めれば次の式で求められます。

$$\left(\frac{1}{3}\right)^5+{}_5C_3\left(\frac{1}{3}\right)^3\left(\frac{2}{3}\right)^2+{}_5C_1\left(\frac{1}{3}\right)\left(\frac{2}{3}\right)^4=\frac{121}{243}\fallingdotseq 0.498$$ **（解答了）**

3-9 ジャンケンの確率

ジャンケンは日常のさまざまな場面で登場します。たぶん、ほとんどの人が“公平”な勝負の決め方として共通認識を持っているからでしょう。「ジャンケンに強い」という人がいるとしても、ほとんどの場合は“時の運”で勝ち負けが決まると考えられています。ここでは、ジャンケンに関わる確率を考えてみましょう。

2人でジャンケンをする場合の確率

まず、2人でジャンケンする場合、1回目で勝負が決まる確率はどのくらいになるでしょう。

仮に2人をAさんとBさんとします。ことのき、すべての場合はそれぞれが3通りの手を独立して出しますから、すべての場合は$3\times3=9$通りです。Aさんの手の出し方のそれぞれに、Bさんの手の出し方を考えて樹形図を作れば、1回目で勝負がつく場合は6通りであることが分かります（図3−9−1参照)。これより、1回目で勝負がつく確率は次の式で求められます。

$$\frac{6}{9}=\frac{2}{3}\fallingdotseq 0.6667$$

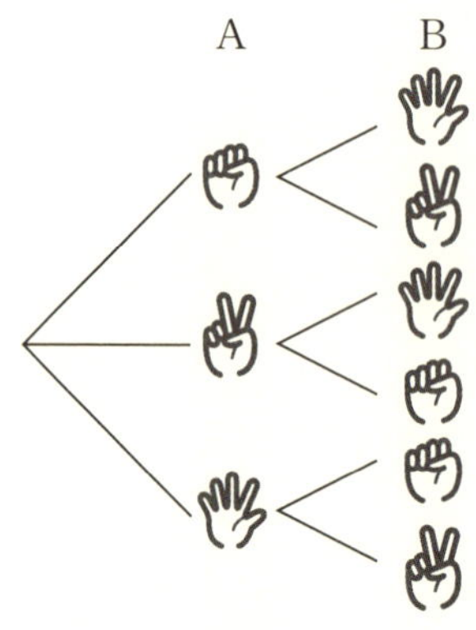

$$\frac{3\times2}{9}$$ ← 部分（1回目で勝負あり）
← 全体

▲図3-9-1　2人でジャンケンをして1回目で勝負のつく場合

実は、「1回目で勝負がつく」の余事象である「1回目があいこになる」を考えた方が計算は楽です。あいこになるのは、「グー×グー」、「チョキ×チョキ」、「パー×パー」の3通りしかありませんから、確率は$\frac{3}{9}=\frac{1}{3}$です。よって、余事象の確率の公式から次の式で求められます。

$$1-\frac{1}{3}=\frac{2}{3}$$

次に、2回目で勝負がつく確率を求めてみます。この場合は、1回目であいこになるという「条件付き確率」です。先の例から、1回目であいこになる確率は$\frac{1}{3}$で、2回目のジャンケンで勝負がつく確率は$\frac{2}{3}$ですから、求める確率は次の式で得られます。

$$\frac{1}{3}\times\frac{2}{3}=\frac{2}{9}\fallingdotseq 0.2222$$

となります。

同様なことを繰り返せば、次のような結果が得られることは容易に理解できるでしょう。

3回目に勝負がつく確率　$\frac{1}{3}\times\frac{1}{3}\times\frac{2}{3}=\frac{2}{3^3}\fallingdotseq 0.0740$

4回目に勝負がつく確率　$\frac{1}{3}\times\frac{1}{3}\times\frac{1}{3}\times\frac{2}{3}=\frac{2}{3^4}\fallingdotseq 0.0247$

5回目に勝負がつく確率　$\frac{1}{3}\times\frac{1}{3}\times\frac{1}{3}\times\frac{1}{3}\times\frac{2}{3}=\frac{2}{3^5}\fallingdotseq 0.0082$

(例題)

2人でジャンケンをする場合、5回以内で勝負がつく確率を求めてみましょう。

(解答)

先の例で、1回目で勝負がつく、……、5回目で勝負がつく、という事象は互いに排反ですから、求める確率はこれらの事象の確率の和として次の式で得られます。

$$\frac{2}{3}+\frac{2}{3^2}+\frac{2}{3^3}+\frac{2}{3^4}+\frac{2}{3^5}\fallingdotseq 0.9959$$ **(解答了)**

3人ジャンケンで勝者が1回で決まる確率

(例題)

3人でジャンケンをする場合、1回目で勝者が決まる確率を求めてみましょう。

(解答)

3人の場合、手の出し方は$3^3=27$通りあります。樹形図を使ってすべての場合を調べるのはさほど手間にはなりませんが、応用が利くように少しスマートに考えてみましょう。ちなみに、余事象の「あいこになる」場合を考えても、3人の場合は2人の場合ほど単純ではありません。

3人の中の1人が勝つ手は、グー、チョキ、パーの3通りしかありません。この場合、他の2人は同じ手を出して1人の勝者に負けるわけです。3人をA、B、Cとしたとき、それぞれが3通りずつ一人勝ちの場合が考えられますが、これらに重複はありませんから、1回目で1人の勝者が決まるのは$3\times3=9$通りです。よって、求める確率は$\frac{9}{27}=\frac{1}{3}$となります。

ちなみに、1回目があいこになる確率は、余事象の確率の公式より、$1-\frac{1}{3}=\frac{2}{3}$となります。**(解答了)**

n人ジャンケンで勝者が1回で決まる確率

同様にして、n人でジャンケンをした場合、1回目で1人の勝者が決まる確率も計算できます。

何人いても、一人の勝者が出す手は3通りです。n人のそれぞれに同じことがいえるので、$3n$通りの場合が考えられます。一方、n人が出す手のすべての場合は3^n通りですから、n人がジャンケンして1回目で1人の勝者が決まる確率は$\frac{3n}{3^n}=\frac{n}{3^{n-1}}$ $(n\geqq2)$となります。以上から、ジャンケンに参加する人数が増えるに連れて、1回目で勝者が決まる確率は小さくなっていることが分かります（図3−9−2参照)。

2人でジャンケンして1回目に勝者が決まる確率　$\frac{2}{3} \fallingdotseq 0.6667$

3人でジャンケンして1回目に勝者が決まる確率　$\frac{3}{9} \fallingdotseq 0.3333$

4人でジャンケンして1回目に勝者が決まる確率　$\frac{4}{27} \fallingdotseq 0.1481$

5人でジャンケンして1回目に勝者が決まる確率　$\frac{5}{81} \fallingdotseq 0.0617$

6人でジャンケンして1回目に勝者が決まる確率　$\frac{6}{243} \fallingdotseq 0.0247$

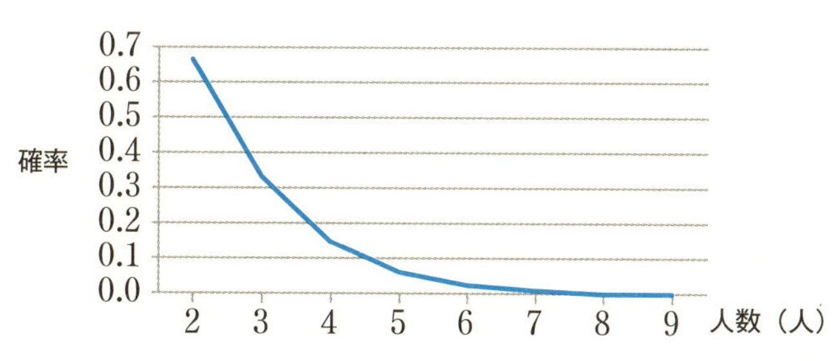

▲図3-9-2　ジャンケンに参加する人数が増えるに連れて1回目で勝者が決まる確率は小さくなる

ジャンケンで特定の1人が勝つ確率

次に、ジャンケンで特定の人が勝つ確率を求めてみます。ジャンケンには「あいこ」があるので、何回続ければ一人の勝者が決まるか不確定な部分があります。その上で、最終的に特定の1人が勝つ確率を求めてみます。

まず、A、Bの2人がジャンケンをした場合を考えます。1回目にAが勝つ確率は$\frac{3}{9}=\frac{1}{3}$です。この場合、対称性からBが勝つ確率も$\frac{1}{3}$なので、あいこになる確率は$\frac{1}{3}$ということになります。

この結果は、先に求めた、「1回目で勝者が決まる確率が$\frac{2}{3}$である」ことの“内訳”と考えられます。最終的にAがBに勝つ確率を求めてみると、次のような確率の和になります。

1回目でAが勝つ確率　$\frac{1}{3}$

2回目でAが勝つ確率　$\frac{1}{3}\times\frac{1}{3}$　(1回目であいこ)

3回目でAが勝つ確率　$\frac{1}{3}\times\frac{1}{3}\times\frac{1}{3}$　(1、2回目であいこ)

4回目でAが勝つ確率　$\frac{1}{3}\times\frac{1}{3}\times\frac{1}{3}\times\frac{1}{3}$　(1、2、3回目であいこ)

　　⋮

AがBに勝つ確率はこれらの和となり次の式で得られます。

$$\frac{1}{3}+\left(\frac{1}{3}\right)^2+\left(\frac{1}{3}\right)^3+\left(\frac{1}{3}\right)^4+\cdots$$

これは「無限等比数列の和」と呼ばれ、この結果は限りなく$\frac{1}{2}$に近づくことが知られています。

よって、Aが勝者になる確率は$\frac{1}{2}$で、対称性からBの勝つ確率も$\frac{1}{2}$になります。ジャンケンは確かに公平な勝負手段だといえます。

3人でジャンケンをする場合も同様に考えれば、特定の1人が勝つ確率は、次のような確率の和になります。

$$\frac{1}{9}+\left(\frac{2}{3}\right)\left(\frac{1}{9}\right)+\left(\frac{2}{3}\right)\left(\frac{2}{3}\right)\left(\frac{1}{9}\right)+\left(\frac{2}{3}\right)\left(\frac{2}{3}\right)\left(\frac{2}{3}\right)\left(\frac{1}{9}\right)+\cdots\rightarrow\frac{1}{3}\text{に近づく}$$

4人でジャンケンをする場合は次のようになります。

$$\frac{1}{27}+\left(\frac{23}{27}\right)\left(\frac{1}{27}\right)+\left(\frac{23}{27}\right)\left(\frac{23}{27}\right)\left(\frac{1}{27}\right)+\cdots\rightarrow\frac{1}{4}\text{に近づく}$$

一般に、n人でジャンケンした場合、特定の1人が勝つ確率は$\frac{1}{n}$に近づきます。

第4章

ベイズの定理 ～条件付き確率の応用～

事象が他の事象に影響を与える場合は「**条件付き確率**」を考える必要があります。ここでは、条件付き確率の基本的な考え方を理解し、その応用として導かれる「**ベイズの定理**」を学びます。また、ベイズの定理が、事故などの結果から原因の確率を計算すること、検査結果の信頼性の判定、スパムメールフィルタのしくみなどに応用されていることを学びます。

4-1 条件付き確率の考え方

くじ引きの公平性

条件付き確率が注目されるのは複数の事象があるとき、事象の起こると起こらないとが、他の事象に影響を与える場合です。事象がお互いに影響し合うことがなければ、他の“状況”を気にせず確率を計算できるので、条件付き確率を考える必要はありません。

ここで“条件付き”ということは、別の言い方をすれば、状況によって確率を計算する際の全事象を“見直す”ということです。つまり、次の確率はそれぞれ別の“分母”で計算しなくてはならないということです。

・事象Aが起こったという条件で事象Bの起こる確率
・事象Aが起こらなかったという条件で事象Bが起こる確率

例えば、2本の当たりくじの入った10本のくじから1本を引くとき、“引いたくじは戻さない”とします。1回目に当たりくじを引くという事象をAとし、2回目に当たりくじを引くという事象をBとします。このとき、Aが起こる場合と、Aが起こらない場合とでは、事象Bの起こる確率の計算は違ってきます。これはいうまでもなく、2回目にくじを引くときに残っている当たりくじの本数が異なるからです。

Aが起こった場合にBの起こる確率を「$P_A(B)$」と表すと乗法定理「$P(A\cap B)=P(A)\times P_A(B)$」より次の式が得られます。

2回目は9本中に1本ある当たりくじを引く
↓

$$P(A\cap B)=P(A)\times P_A(B)=\frac{2}{10}\times\frac{1}{9}=\frac{2}{90}$$

↑
1回目は10本中に2本ある当たりくじを引く

同様にAが起こらなかった場合にBの起こる確率を「$P_{\overline{A}}(B)$」と表すと次の式が得られます。

2回目は9本中に2本ある当たりくじを引く

$$P(\overline{A}\cap B)=P(\overline{A})\times P_{\overline{A}}(B)=\frac{8}{10}\times\frac{2}{9}=\frac{16}{90}$$

1回目は10本中に8本あるはずれくじを引く

いずれの場合も同時には起こらないので、事象B（2回目に当たりくじを引く）の起こる確率は、加法定理よりこれらの和となり、次の結果を得ることができます。

$$P(B)=P(A\cap B)+P(\overline{A}\cap B)$$
$$=\frac{2+16}{90}$$
$$=\frac{2}{10}=0.2$$

つまり、くじは1番目に引いても2番目に引いても当たる確率は0.2で同じになるということが分かりました。

ちなみに、3番目以降にくじを引いても当たる確率は同じで0.2です。くじは10本あるので、10番目に引くくじが当たる確率も0.2です。当たりくじは2本しかないので、後になるほど当たりくじを引く確率が小さくなるように思いますが、何番目に引いても当たる確率は同じなのです。

2番目、あるいは2番目以降にくじを引くことになった人は、1番目の人が引くくじが当たる場合しか頭にないので、自分の当たる確率を$P_A(B)=\frac{1}{9}\fallingdotseq 0.1$と思いこんでしまうため“不利感”があるのです。1番目のくじがはずれるかもしれないことを意識すればこの不利感は出ないはずです。

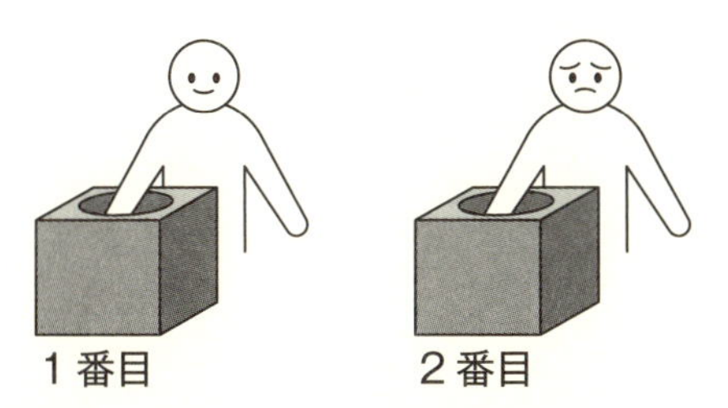

▲図4-1-1　2番目以降にくじを引くのに不利感が伴うのは、自分が引く前に当たりくじが出てしまうことを“想像”してしまうためで、くじ引きが始まる前なら引く順番が何番目でも当たる確率は同じ

モンティ・ホールの問題

（例題）

あなたはテレビのクイズ番組に出演して回答者になったとしましょう。ファイナリストとして残り、いよいよ景品を選ぶときが来ました。3つの扉のいずれか1つを選ぶと、そこにある景品がもらえます。

1つの扉には高級新車が、残りの2つの扉にはヤギが隠れています。あなたは慎重に考えた末、扉の1つを選びました。そのとき、司会者がやおらあなたの選んでない扉の1つを開けました。なんと、そこにはヤギがいたのです。そこで司会者はこう言いました。「いまなら扉を選び直すことができますがどうしますか？」。

さて、あなたならどうしますか？この状況下で、扉を選び直した場合と、選び直さない場合とで、高級新車の当たる確率を比べてみてください。

（解答）

これは、1990年にアメリカのテレビ番組「Let's make a deal」（取引しましょう）で実際にあった問題で、司会者のモンティ・ホール（Monty Hall）の名前をとって「**モンティ・ホールの問題**」と呼ばれています。

司会者が残りの2つの扉のうち1つを開けた時点で、「2つから1つの“当たり”を選ぶ問題なので初心貫徹する」と判断するか、「心機一転」して別の扉に変えるかです。このような問題も、状況が変わったという意味で「条件付き確率」を考える問題といえます。

ここでは、高級新車を獲得することを「当たり」と呼ぶことにします。また、3つの扉を、扉1、扉2、扉3と呼ぶことにします。

仮に、扉1が当たりだったとして、次のように場合分けして、扉を変えたときに当たる確率を計算してみましょう。

(1) 最初に扉1を選んで扉を変えた場合

扉2のハズレを見せられて扉3に変えても、扉3のハズレを見せられて扉2に変えても、扉1が当たりなのでハズレが決定します。

(2) 最初に扉2を選んで扉を変えた場合

扉3のハズレを見せられて扉1に変えるので当たりが決定します。

(3) 最初に扉3を選んで扉を変えた場合

扉2のハズレを見せられて扉1に変えるので当たりが決定します。

つまり、扉1が当たりである場合、最初に扉1を選んだのに変更すれば確実にハズレが決まります。ところが、最初に扉2か扉3を選んだ場合は変更することで当たりが決まるのです。

ここで、最初に選ぶ扉は3通りありますが、どれを選ぶか((1)、(2)、(3)のどの場合が起こるか) は同じ確率です。したがって、最初に選んだ扉を変えることで当たるのは、(1)、(2)、(3) のうち (2) と (3) の2通りの場合ですから、確率は$\frac{2}{3}$となります。このことから、最初に選んだ扉を変えないことで当たる確率は、余事象の確率の公式から$1-\frac{2}{3}=\frac{1}{3}$となります。したがって、扉を変えて当たる確率の方が、扉を変えないで当たる確率の2倍高いということになります。

ハズレの扉を1つ見せられる前は、「開けてない2つの扉の当たる確率が同じ」であったのですが、ハズレの扉を見せられた時点でこの“状況”は変わったということです。その結果、選んだ扉を変える方が当たる確率が高くなるというわけです。**(解答了)**

ちなみに、扉が4つあった場合に同様なゲームを行うと、最初に選んだ扉を変えない場合に当たる確率より、変えて当たる確率の方が$\frac{3}{2}$倍高くなります。扉が5つの場合は$\frac{4}{3}$倍、扉が6つの場合は$\frac{5}{4}$倍、……となり、扉の数を増やして行くと、常に扉を変えて当たる確率の方が高いものの、この倍率はしだいに1に近づく（すなわち、同じ確率に近づく）ことが分かっています。

返事を聞いて住人を当てる

（例題）

あるアパートの1階には部屋が3つあります。どの部屋にも表札が出ておらず、それぞれに、夫婦2人、姉妹2人、兄弟2人の3組が住んでいるということが分かっています。ある部屋の前に立ち、ドアをノックしたところ女性の声で返事がありました。この部屋に夫婦が住んでいる確率を求めてみましょう。

▲図4-1-2　ある部屋のドアをノックをして女性の声で返事があったとき、その部屋に夫婦2人が住んでいる確率は？

（解答）

部屋の前に立った時点では、その部屋に夫婦が住んでいる確率は、3部屋のうちの一部屋ということで確率はまだ$\frac{1}{3}$です。ドアをノックして女性の声で返事があったという事実を知った時点で条件付き確率の問題になります。ここで、女性の声を聞き、「夫婦」か「姉妹」の2部屋に絞られたと考え、その部屋の住人が「夫婦」である確率は$\frac{1}{2}$だと判断するのは誤りです。

1階には男女6人が住んでいることになりますが、そのうち女性に限ると3人だけです。ドアをノックをして女性の声で返事があった時点で、その女性は3人のうちの1人であることが判明したわけです。声の主が奥さんである確率は$\frac{1}{3}$ですから、この部屋に夫婦が住んでいる確率は$\frac{1}{3}$となります。**（解答了）**

ちなみに、この部屋に姉妹が住んでいる確率は$\frac{2}{3}$で、この部屋に兄弟が住んでいる確率はいうまでもなく0です。

4-2 原因の確率を求める

確率を求める目的の多くは、ある事象が“これから起こる”可能性を知るということです。ところが、ある事象が起こったとき、その“原因”はどこにあるのかを知る必要が生じる場合があります。特に、原因として複数の可能性が考えられる場合、結果がどの原因にどれだけ起因しているかを知ることは重要なことです。このようなとき、条件付き確率の考え方を利用して、結果からその原因と考えられる事象の確率を求めることができます。例えば、ある事故が起こったときに、その原因と考えられる要素を調べ上げ、それぞれが事故につながる可能性を加味して計算すると、起こった事故がどの原因による可能性が一番高いかを判断できることがあります。

帽子を忘れたことに気付いた時点での確率

(例題)

K君は家を訪ねるとき5回に1回の割合で帽子を忘れてくるくせがあります。ある日K君がA、B、Cの3軒の家をこの順で訪ねました。家に帰ってきたときに、K君は帽子をどこかに忘れたことに気付きました。母親は、A宅で忘れたのだろうといい、父親はB宅、弟はC宅だと主張しました。さて、3人の主張する場合の可能性（確率）はどれが一番大きいと考えられるでしょうか。

▲図4-2-1　帽子を忘れたことに気付いた時点での確率、すなわち“事後”の確率を計算する

(解答)

これは、1976年に早稲田大学の入試に出された問題です。帽子を忘れることは“事故”というほどのことではありませんが、忘れてきたことを前提に計算する、つまり原因の確率のよい例です。

仮に、A宅で忘れるという事象をA、B宅で忘れるという事象をB、C宅で忘れるという事象をCとしましょう。K君がこれから出かようとする時点では、これらの事象の確率は次のようになっています。

$$P(A)=\frac{1}{5}=0.200$$

$$P(B)=\frac{4}{5}\times\frac{1}{5}=0.160$$

$$P(C)=\frac{4}{5}\times\frac{4}{5}\times\frac{1}{5}=0.128$$

この式を簡単に説明しましょう。

まず、A宅で忘れる確率は「5回に1回の割合で帽子を忘れてくる」という事実から$P(A)=\frac{1}{5}$です。

次に、B宅で忘れるということは、「A宅で忘れず、かつB宅で忘れる」という「条件付き確率」ですから、$P(B)=P($A宅で忘れない$)\times P($B宅で忘れる$)=\left(1-\frac{1}{5}\right)\times\frac{1}{5}=\frac{4}{5}\times\frac{1}{5}$です。

そして、C宅で忘れるということは、「A宅で忘れず、かつB宅で忘れず、かつC宅で忘れる」という「条件付き確率」ですから、$P(C)=P($A宅で忘れない$)\times P($B宅で忘れない$)\times P($C宅で忘れる$)=\left(1-\frac{1}{5}\right)\times\left(1-\frac{1}{5}\right)\times\frac{1}{5}=\frac{4}{5}\times\frac{4}{5}\times\frac{1}{5}$です。

よって、K君がこれから出かける3軒のどこかで忘れるという事象をXとすれば、Xはこれらの和事象で、各事象が互いに排反であることから、確率$P(X)$は次の式で計算できます。

$$P(X)=P(A)+P(B)+P(C)$$
$$=\frac{1}{5}+\frac{4}{5}\times\frac{1}{5}+\frac{4}{5}\times\frac{4}{5}\times\frac{1}{5}$$
$$=\frac{25+20+16}{125}$$
$$=\frac{61}{125}$$

さて、K君が帰宅し、初めて帽子をどこかに忘れてきたことに気付きました。この時点で、A宅で忘れてきた確率を求めてみましょう。この場合、「帽子を忘れずに帰宅する」という場合は考えなくてもよいので、事象Xを"全事象"と考えます。つまり、先ほど求めた$P(X)$の値「$\frac{61}{125}$」を"分母"とした確率計算をするのです。A宅で忘れてきた確率は、事象Xが起こったという条件でAの起こる確率$P_X(A)$ですから、この値は乗法定理を利用して次の式で得られます。

$$P(X\cap A)=P(X)\times P_X(A)$$

両辺を$P(X)$で割ってから、両辺を入れ替えると次の式が得られます。

$$\frac{P(X\cap A)}{P(X)}=P_X(A)$$
$$P_X(A)=\frac{P(X\cap A)}{P(X)}$$

この例では、$A\subseteqq X$ですから$X\cap A=A$です。したがって、$P(X\cap A)=P(A)$となり、上の結果と合わせると、$P_X(A)$は次の式で求められます。

$$P_X(A)=\frac{P(X\cap A)}{P(X)}$$
$$=\frac{P(A)}{P(A)+P(B)+P(C)}$$
$$=\frac{\frac{1}{5}}{\frac{1}{5}+\frac{4}{5}\times\frac{1}{5}+\frac{4}{5}\times\frac{4}{5}\times\frac{1}{5}}$$

$$= \frac{\frac{1}{5}}{\frac{61}{125}}$$

$$= \frac{25}{61}$$

同様にして、$P_X(B)$と$P_X(C)$が次のように求められます。

$$P_X(B) = \frac{P(X \cap B)}{P(X)}$$

$$= \frac{P(B)}{P(A)+P(B)+P(C)}$$

$$= \frac{\frac{4}{5} \times \frac{1}{5}}{\frac{1}{5} + \frac{4}{5} \times \frac{1}{5} + \frac{4}{5} \times \frac{4}{5} \times \frac{1}{5}}$$

$$= \frac{\frac{4}{25}}{\frac{61}{125}}$$

$$= \frac{20}{61}$$

$$P_X(C) = \frac{P(X \cap C)}{P(X)}$$

$$= \frac{P(C)}{P(A)+P(B)+P(C)}$$

$$= \frac{\frac{4}{5} \times \frac{4}{5} \times \frac{1}{5}}{\frac{1}{5} + \frac{4}{5} \times \frac{1}{5} + \frac{4}{5} \times \frac{4}{5} \times \frac{1}{5}}$$

$$= \frac{\frac{16}{125}}{\frac{61}{125}}$$

$$= \frac{16}{61}$$

この結果を解釈してみましょう。

各確率の結果にある分母の「61」は「帽子を忘れる」という確率$P(X)=\frac{61}{125}$の分子にあたります。

一方、$P_X(A)$の分子「25」は$P(X\cap A)=\frac{25}{125}$の分子、$P_X(B)$の分子「20」は$P(X\cap B)=\frac{20}{125}$の分子、$P_X(C)$の分子「16」は$P(X\cap C)=\frac{16}{125}$の分子です。

つまり、自宅に帰ったK君がどこかの訪問先で帽子を忘れたことに気付いた時点で、その可能性は次の比になっていると考えられます。

A宅で忘れる可能性：B宅で忘れる可能性：C宅で忘れる可能性
＝25：20：16

帽子を忘れるという可能性の“全体”を、25、20、16の和である「61」と見なしたとき、A宅、B宅、C宅で忘れるという可能性は、このような比に分かれていると考えられるのです。

つまり、K君が自宅に戻って帽子を忘れたことに気付いたとき、最も可能性の高いのはA宅で、その確率は「$\frac{25}{61}$」です。これは、C宅で忘れたという確率の1.5倍以上になります。つまり、母親の主張する場合の可能性（確率）が一番高いということになります。**（解答了）**

事前確率と事後確率

K君の帽子を忘れた確率の問題を図解してみましょう。

A宅で忘れない $\left(\frac{4}{5}\right)$
A宅・B宅で忘れない $\left(\frac{4}{5}\times\frac{4}{5}\right)$
A宅・B宅・C宅で忘れない $\left(\frac{4}{5}\times\frac{4}{5}\times\frac{4}{5}\right)$
A宅で忘れる $\left(\frac{1}{5}\right)$
B宅で忘れる $\left(\frac{4}{5}\times\frac{1}{5}\right)$
C宅で忘れる $\left(\frac{4}{5}\times\frac{4}{5}\times\frac{1}{5}\right)$
1

▲図4-2-2　B宅で忘れる確率は、図の色の付いた部分に占める「B宅で忘れる」という部分の割合で表される

ここで、$P(A)$、$P(B)$、$P(C)$を「**事前確率**」（あるいは、「**存在の確率**」）と呼びます。これに対して、$P_X(A)$、$P_X(B)$、$P_X(C)$を「**事後確率**」（あるいは、「**原因の確率**」）と呼びます。つまり、**「帽子を忘れる」という事象Xの事後における確率は、事象A、事象B、事象Cそれぞれの事前確率を、事象Xの確率で割ったものになる**ということです。

一般に、2つの事象XとYについて、乗法定理より次の式が成り立ちます。

$$P(X \cap Y) = P(X) \times P_X(Y)$$
$$P(Y \cap X) = P(Y) \times P_Y(X)$$

$P(X \cap Y) = P(Y \cap X)$ですから、この2式の左辺は等しいので次の式が成り立ちます。

$$P(X) \times P_X(Y) = P(Y) \times P_Y(X)$$

変形して、次の2式が得られます。

$$P_X(Y) = \frac{P(Y) \times P_Y(X)}{P(X)}$$

$$P_Y(X) = \frac{P(X) \times P_X(Y)}{P(Y)}$$

次の節で紹介する「**ベイズの定理**」（Bayes' theorem）の原理はこの式にあり、この式自体をベイズの定理と呼ぶこともあります。

4-3 ベイズの定理

取り出した玉の色から選ばれた袋を予想する

4-2節では、帽子を忘れたということを知った後で、3つの訪問先毎に帽子を忘れる確率（事後確率）を計算しました。これは、これから出かけるという時点での確率（事前確率）とは異なったものでした。

今度は、3つの袋があって、それぞれに10個ずつ玉の入った場合を考えます。いずれか1つの袋を選び、その中から玉を1つ取り出す試行を考えましょう。つまり、袋を選びそこから玉を選ぶという2段階があります。

袋A_1は目を引くせいか確率0.5で選ばれます。袋A_2はシンプルな生地でできているので確率0.4で選ばれます。最後の袋A_3は少々薄汚れているので確率0.1で選ばれます。ここで、いずれか1つの袋を選ぶとするので、3つの確率の和が1であることに注意してください。

袋の中には、白玉と赤玉の2種類の玉が次の数だけ入っています。

袋A_1　赤玉8個　白玉2個
袋A_2　赤玉5個　白玉5個
袋A_3　赤玉4個　白玉6個

▲図4-3-1　袋を選ぶ確率も異なれば、それぞれの袋から赤玉を取り出す確率も異なる

第4章 ベイズの定理 ～条件付き確率の応用～

K君はS子さんに、「好きな袋を選んで、そこから色を見ないで玉を1つ取り出してください」とお願いしました。このとき、K君はS子さんが袋から玉を取り出す様子を見ていなかったので、選んだ玉の色が赤ということだけを知りました。さて、S子さんはどの袋から赤玉を選んだと見なすのが一番妥当でしょうか。

袋を選ぶ事後確率をそれぞれ求めて、値が一番大きなものを"正解"としましょう。

「赤玉を選ぶ」という事象をB、「白玉を選ぶ」という事象をCとすると、それぞれの事前確率$P(B)$、$P(C)$は次のようになります。

$$P(B)=\frac{8+5+4}{10+10+10}=\frac{17}{30}$$

$$P(C)=\frac{2+5+6}{10+10+10}=\frac{13}{30}$$

S子さんはまだ袋を選んでいませんから、玉の総数30個を分母に、赤玉と白玉の個数の総数をそれぞれ分子にして計算すれば事前確率が求まります。

一方、袋を選ぶ事前確率はそれぞれ次のようになり、5：4：1の比であることが分かります。

袋A_1を選ぶ確率　$P(A_1)=0.5$

袋A_2を選ぶ確率　$P(A_2)=0.4$

袋A_3を選ぶ確率　$P(A_3)=0.1$

このとき、各袋について、**その袋を選んだという条件の下で赤玉が選ばれる確率**を求めてみましょう。具体的には、次のようにして、袋が選ばれる確率と、その袋の中から赤玉が選ばれる確率の積を求めます。

袋A_1を選んで赤玉が選ばれる確率

$$=P(A_1)\times P_{A_1}(B)=0.5\times\frac{8}{10}=0.40$$

袋A_2を選んで赤玉が選ばれる確率

$$=P(A_2)\times P_{A_2}(B)=0.4\times\frac{5}{10}=0.20$$

袋A_3を選んで赤玉が選ばれる確率

$$=P(A_3)\times P_{A_3}(B)=0.1\times\frac{4}{10}=0.04$$

さて、問題になっている「S子さんはどの袋を選んだか」について考えることにします。S子さんが赤玉を選んだ事実は確認しているので、S子さんが袋を選んだ確率の値は、A_1、A_2、A_3の順で次の比に分かれるはずです。

$$P(A_1)\times P_{A_1}(B):P(A_2)\times P_{A_2}(B):P(A_3)\times P_{A_3}(B)$$

つまり、“赤玉を選んだ”という条件を付けることで、袋を選ぶ確率の比が、事前の「5：4：1」から「0.40：0.20：0.04」に変化するはずだと考えるのです。したがって、S子さんがA_1、A_2、A_3の袋を選んだ確率は、次のようにして求められます。

・S子さんが袋A_1を選んだ確率

$$=\frac{P(A_1)\times P_{A_1}(B)}{P(A_1)\times P_{A_1}(B)+P(A_2)\times P_{A_2}(B)+P(A_3)\times P_{A_3}(B)}$$

$$=\frac{0.40}{0.40+0.20+0.04}$$

$$=0.6250$$

・S子さんが袋A_2を選んだ確率

$$=\frac{P(A_2)\times P_{A_2}(B)}{P(A_1)\times P_{A_1}(B)+P(A_2)\times P_{A_2}(B)+P(A_3)\times P_{A_3}(B)}$$

$$=\frac{0.20}{0.40+0.20+0.04}$$

$$=0.3125$$

・S子さんが袋A_3を選んだ確率

$$=\frac{P(A_3)\times P_{A_3}(B)}{P(A_1)\times P_{A_1}(B)+P(A_2)\times P_{A_2}(B)+P(A_3)\times P_{A_3}(B)}$$

$$=\frac{0.04}{0.40+0.20+0.04}$$

$$=0.0625$$

つまり、S子さんが袋を選んだ確率が最も高いのは「0.625」の袋A_1で、袋A_3の10倍にもなります。この要因としては、袋A_3が選ばれる事前確率が低いこと、そこに入っている赤玉の個数が比較的少ないことなどが考えられます。

この問題も図解してみましょう。

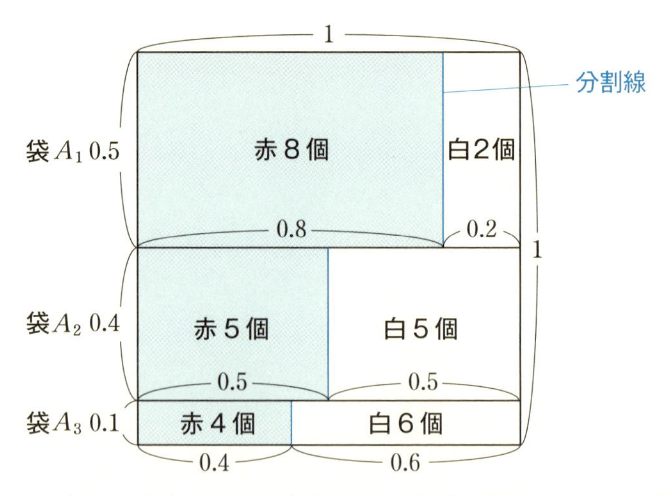

▲図4-3-2　赤玉を取り出したという条件の下で、どの袋を選んだかという確率を考える際は、図の色の付いた範囲を全体とした、各袋の部分の占める割合で考える

外枠の四角形は、縦横ともに長さ1の正方形で、それぞれ、ある全事象における確率の“**スケール**”になっています。

この例では、縦方向は「袋を選ぶ」という試行を表しています。その中で、3種類の袋が選ばれる事象の「事前確率」の割合が「5：4：1」なので、この比で長さ1の辺が分割されています。実際には「0.5、0.4、0.1」という“**確率**”の値になっていることに注意してください。

同様に、横方向は「玉を選ぶ」という試行を表しています。2種類の玉それぞれについて、玉が選ばれるという事象の「事前確率」の割合で長さ1の辺が分割されています。袋によって、入っている玉の種類の数が異なるため、分割線の位置が違うことに注意してください。この場合も、正方形の辺の長さは1なので、実際には2種類の玉の取り出される“**確率**”の値が内部にある長方形の辺の横の長さになっています。

ここで、図4－3－2の「赤8個」の長方形に注目すると、その面積は次の式で求められます。

$$P(A_1)\times P_{A_1}(B)$$
$$=\frac{5}{10}\times\frac{8}{10}$$
$$=0.5\times 0.8$$
$$=0.40$$

これは、「袋A_1から赤玉が選ばれる確率」という条件付き確率であることが分かります。

同様に、上から2番目の色付きの長方形（赤5個）、さらに一番下にある色付きの長方形（赤4個）の面積が、次のような条件付き確率であることも理解できるでしょう。

・上から2番目の色付きの長方形（赤5個）の面積
袋A_2から赤玉が選ばれる確率

$$=P(A_2)\times P_{A_2}(B)$$
$$=\frac{4}{10}\times\frac{5}{10}$$
$$=0.4\times 0.5$$
$$=0.20$$

・一番下にある色付きの長方形（赤4個）の面積
袋A_3から赤玉が選ばれる確率

$$=P(A_3)\times P_{A_3}(B)$$
$$=\frac{1}{10}\times\frac{4}{10}$$
$$=0.1\times 0.4$$
$$=0.04$$

「S子さんが赤玉を持っている」という事実を確認したことで、これら3つの色付きの長方形を寄せ集めた多角形の範囲に限定して、それぞの袋を選ぶ事後確率を計算するのです。この結果から、S子さんは袋A_1を選んだと考えるのが一番妥当といえます。

ベイズの定理の定式化

一般的に、事象B（先ほどの例では「赤玉が取り出される」）が、事象A_1、A_2、…、A_n（先ほどの例では「袋が選ばれる」）のいずれかが起こったときに起こるとするとき、事象Bの起こることが、事象A_iに“**起因**”している確率は次の式で得られます。

公式 $$P_B(A_i)=\frac{P(A_i)\times P_{A_i}(B)}{P(A_1)\times P_{A_1}(B)+P(A_2)\times P_{A_2}(B)+\cdots+P(A_n)\times P_{A_n}(B)}$$

$(i=1,\ 2,\ \cdots,\ n)$

ただし、どのようなi, j $(i\neq j)$を取っても、$A_i\cap A_j=\varphi$

これを「**ベイズの定理**」と呼びます。

右辺の分母には“確率の積”がn個並びますが、そのうちの1つが分子にあるのが特徴です。

事象Bが起こることに関係している事象を、互いに排反ないくつかの事象に分割し、事象Bの起こる確率をそれぞれの事象が起るという条件付きで計算し、その総和に占める割合を求めたものが右辺と理解することができます。

ベイズの定理は、次の式から得られたものと考えてよいでしょう。

$$P_B(A_i)=\frac{P(A_i\cap B)}{P(B)}\quad(i=1,\ 2,\ \cdots,\ n)\qquad ①$$

$$P(B)=P(A_1\cap B)+P(A_2\cap B)+\cdots+(A_n\cap B)\qquad ②$$

①の右辺の分子は、乗法定理より条件付き確率を使って「$P(A_i)\times P_{A_i}(B)$」$(i=1,\ 2,\ \cdots,\ n)$と表せますから、次の式が得られます。

$$P_B(A_i)=\frac{P(A_i)\times P_{A_i}(B)}{P(B)}\quad(i=1,\ 2,\ \cdots,\ n)\qquad ③$$

また、$P(A_i\cap B)=P(B\cap A_i)=P(A_i)\times P_{A_i}(B)$ $(i=1,\ 2,\ \cdots,\ n)$ですから、②の右辺を書き直すと次の式が得られます。

$$P(B)=P(A_1)\times P_{A_1}(B)+P(A_2)\times P_{A_2}(B)+\cdots+P(A_n)\times P_{A_n}(B)\qquad ④$$

③の右辺の分母に④の右辺を代入すれば、ベイズの定理が得られます。

$$P_B(A_i)=\frac{P(A_i)\times P_{A_i}(B)}{P(A_1)\times P_{A_1}(B)+P(A_2)\times P_{A_2}(B)+\cdots+P(A_n)\times P_{A_n}(B)}$$

$(i=1,\ 2,\ \cdots,\ n)$

事故の原因になった確率を求める

航空機の事故原因になる故障にはいろいろな種類があります。仮に、原因になる故障を次のような4種類に分類できたとし、それらの故障の発生する確率と、故障が起きたときに事故につながる確率が表のようになっていると仮定しましょう。

▼「原因になる故障」ごとに「故障の発生する確率」と「故障が事故につながる確率」を示した例

原因になる故障	故障の発生する確率	故障が事故につながる確率
操縦士のミス	0.20	0.4
管制官のミス	0.15	0.6
無線機の故障	0.40	0.2
エンジンの故障	0.25	0.8

あるとき航空機事故が起こりました。このとき、「操縦士のミス」が原因であった確率を求めてみましょう。

表の「故障の発生する確率」は“**事前確率**”で、「故障が事故につながる確率」は、その故障が事故の原因となる“**事後確率**”です。

事故が起こるという事象をBとし、4つの故障の発生する確率をそれぞれA_1、A_2、A_3、A_4とすれば、表から次の式が得られます。

$$P(A_1)=0.20 \qquad P_{A_1}(B)=0.4$$

$$P(A_2)=0.15 \qquad P_{A_2}(B)=0.6$$

$$P(A_3)=0.40 \qquad P_{A_3}(B)=0.2$$

$$P(A_4)=0.25 \qquad P_{A_4}(B)=0.8$$

このことから、ベイズの定理より、「操縦士のミス」が原因であった確率$P_B(A_1)$は次の式で計算できます。

$P_B(A_1)$

$$=\frac{P(A_1)\times P_{A_1}(B)}{P(A_1)\times P_{A_1}(B)+P(A_2)\times P_{A_2}(B)+P(A_3)\times P_{A_3}(B)+P(A_4)\times P_{A_4}(B)}$$

$$=\frac{0.20\times 0.4}{0.20\times 0.4+0.15\times 0.6+0.40\times 0.2+0.25\times 0.8}$$

$$=\frac{8}{45}$$

$$\fallingdotseq 0.178$$

起こった事故が「操縦士のミス」である確率は約18%であることが分かります。

念のために、この問題も図解しておきましょう。図の色の部分を全体と見たとき、特に色の濃い部分の占める割合が求める確率$P_B(A_1)$です。

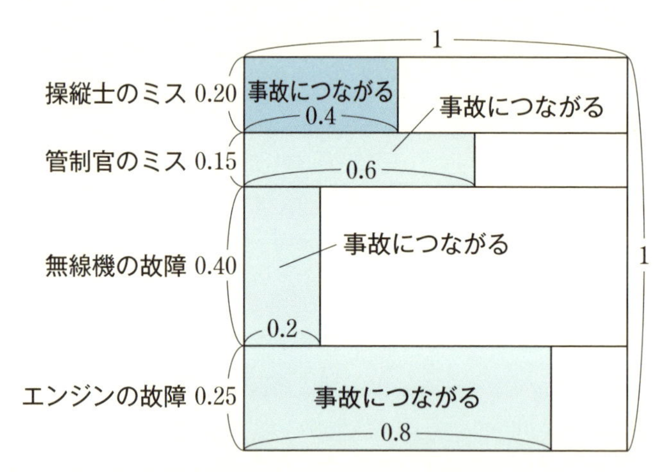

▲図4-3-3　図の色の部分を全体と見たとき、特に色の濃い部分の占める割合が求める確率

いかさまサイコロを特定する

箱の中に2つのサイコロXとYが入っていて、見かけはまったく同じで区別が付きません。ところが、いずれも細工をしてある“いかさまサイコロ”で、Xは1の目が0.3の確率で出るように、Yは1の目が0.6の確率で出るように細工されています。箱から1つサイコロを取り出して振ったところ1の目が出ました。この事実から、振ったサイコロがXである確率を

求めてみましょう。

▲図4-3-4　どちらのサイコロを選んだ可能性が高いか？

1の目が出るという事象をBとし、Xを選ぶという事象をA_1、Yを選ぶという事象をA_2とすれば、$P_B(A_1)$が求める確率です。

ここで、サイコロは見かけ上区別できないので、どちらも選ぶ確率は同じと見なし、$P(A_1)=0.5$、$P(A_2)=0.5$と仮定します。また、サイコロの目の出方は互いに影響しませんから、A_1とA_2は互いに排反な事象です。さらに、1の目の出方が細工されていて、Xを選んだときに1の目の出る確率は$P_{A_1}(B)=0.3$、Yを選んだときに1の目の出る確率は$P_{A_2}(B)=0.6$です。

以上より、ベイズの定理から次の式が得られます。

$$
\begin{aligned}
&P_B(A_1)\\
&=\frac{P(A_1)\times P_{A_1}(B)}{P(A_1)\times P_{A_1}(B)+P(A_2)\times P_{A_2}(B)}\\
&=\frac{0.5\times 0.3}{0.5\times 0.3+0.5\times 0.6}\\
&=\frac{1}{3}
\end{aligned}
$$

振ったサイコロがXである確率は$\frac{1}{3}$であることが分かりました。

この問題も図で理解しておきましょう。図の色の付いた部分を全体と見て、特に色の濃い部分の占める割合が求める確率です。

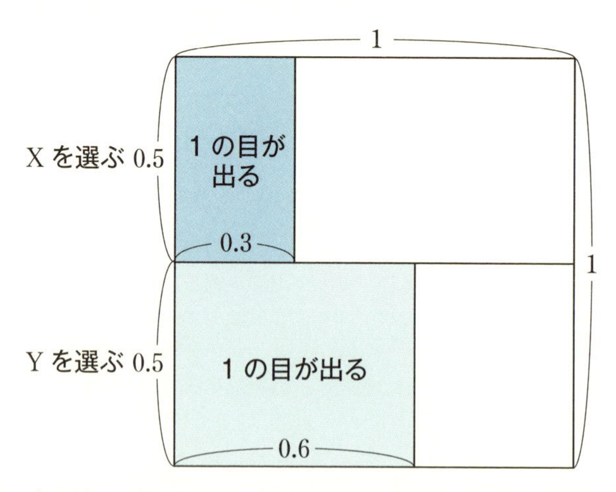

▲図4-3-5　色の付いた部分を全体と見て、特に色の濃い部分の占める割合が求める確率

この問題は、次のようにとらえることもできます。YはXの2倍だけ1の目が出やすく細工してあるため、(Xの1の目の出方):(Yの1の目の出方)=1:2ということがいえるので、1の目が出たサイコロがXである確率は次の式で得られます。

$$\frac{1}{1+2}=\frac{1}{3}$$

サイコロの“手ざわり”を変えて、サイコロXが選ばれる確率を0.7、サイコロYが選ばれる確率を0.3にしたらどうなるでしょう。結果は、次の式のように、$P_B(A_1)$の方が$P_B(A_2)$より大きくなります。

$$P_B(A_1)=\frac{0.7\times0.3}{0.7\times0.3+0.3\times0.6}=\frac{7}{13}\fallingdotseq0.54$$

$$P_B(A_2)=\frac{0.3\times0.6}{0.7\times0.3+0.3\times0.6}=\frac{6}{13}\fallingdotseq0.46$$

4-4 判定の信頼性

検査結果の信頼性

医学が進んで様々な病気が検査で分かるようになってきました。ところが、どんな検査も完璧であるとは限らず、ときに誤った判定をすることがあります。ここでは、検査結果をどの程度信頼してよいかを考えてみます。

例えば、ある病原菌に感染している人の割合が人口の5%だということが分かっているとします。この病原菌に感染しているかどうかを検査する手段が開発されたのですが、未だ不完全で、感染している人を検査すると80%に陽性反応が出るのですが、一方で、感染していない人を検査した場合にも15%に陽性反応が出してしまうというのです。これだけの条件で、すでに“使えない検査”と見なされてもしかたがありませんが、仮の話として進めます。

▲図4-4-1　検査で陽性反応が出た場合、どの程度その結果を信頼してよいものだろうか？

ある人がこの検査を受けて陽性反応が出ました。このとき、この人がほんとうに陽性である確率はどのくらいなのかを考えてみましょう。

陽性反応が出るという事象をBとし、病原菌に感染しているという事象をA_1、感染していないという事象をA_2とします。

ここで、この病原菌に感染している人の割合が人口の5%であることが分かっているので、検査を受けた人が病原菌に感染している確率は$P(A_1)=0.05$で、感染していない確率は$P(A_2)=1-P(A_1)=1-0.05=0.95$と考えられます。

また、この検査で、感染している人に陽性反応が出る確率は$P_{A_1}(B)=0.80$で、感染していない人に陽性反応が出る確率は$P_{A_2}(B)=0.15$です。

求める確率は、「陽性反応が出た場合に感染している」という条件付き確率$P_B(A_1)$なので、ベイズの定理より次の式で得られます。

$$
\begin{aligned}
P_B(A_1) &= \frac{P(A_1)\times P_{A_1}(B)}{P(A_1)\times P_{A_1}(B)+P(A_2)\times P_{A_2}(B)} \\
&= \frac{0.05\times 0.80}{0.05\times 0.80+0.95\times 0.15} \\
&= \frac{16}{73} \\
&\fallingdotseq 0.219
\end{aligned}
$$

この検査で陽性反応が出た場合でも、実際に感染している確率は22%未満という小さな値になります。

仮に、感染していない人を陽性としてしまう確率15%を5%に抑えることができたら、この結果は$\frac{16}{35}$ ($\fallingdotseq 0.457$)となり改善されるはずです。

$$P_B(A_1)=\frac{0.05\times 0.80}{0.05\times 0.80+0.95\times 0.05}=\frac{16}{35}\fallingdotseq 0.457$$

ところが、感染している人に陽性反応を示す割合を80%から90%に上げても、結果は$\frac{6}{25}$ ($=0.240$)となり、あまり改善にはつながりません。

$$P_B(A_1)=\frac{0.05\times 0.90}{0.05\times 0.90+0.95\times 0.15}=\frac{6}{25}=0.240$$

まずは、「シロの人をクロと判定しない」ように改善することが重要だということが分かります。

この問題も図解しておきましょう。図の色の部分を全体と見て、特に色の濃い部分の占める割合が求める確率です。

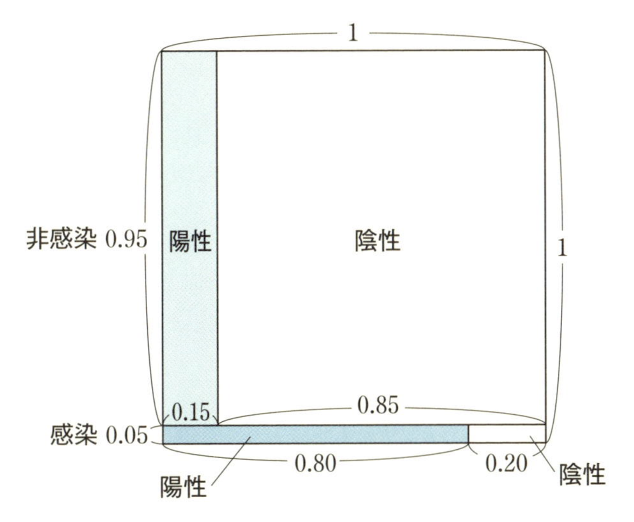

▲図4-4-2　陽性反応が出たという条件で、その結果が正しいという確率は、図の色付き部分に占める、濃い色の部分の割合となる

占い師の言った通りになる確率

ある占い師は、過去の実績から、これから産まれてくる子が男の場合は90％の確率で「男の子」と宣言し、産まれてくる子が女の場合は70％の確率で「女の子」と宣言することが分かっています。この占い師は、Xさん一家に産まれてくる子は「男の子」だと宣言し、Yさん一家に産まれてくる子は「女の子」だと宣言しました。産まれてきた子の性別がこの占い師の言った通りになる確率は、Xさん一家とYさん一家のどちらの方が高いでしょう。

占い師が100％の確率で性別を言い当てるのなら、どちらの確率も同じ100％です。しかし、産まれてくる子の性別によって、占い師の“的中率”が微妙に異なるようなので、事後確率の考え方で検証してみましょう。

男の子が産まれる事象をA_1、女の子が産まれる事象をA_2とし、占い師が「産まれてくる子は男」と宣言する事象をB_1、「産まれてくる子は女」と宣言する事象をB_2とします。なお、ここでは、男の子の産まれる確率と女の子の産まれる確率は同じと考え、$P(A_1)=0.5$、$P(A_2)=0.5$とします。

占い師の特性から、$P_{A_1}(B_1)=0.9$、$P_{A_2}(B_2)=0.7$なので、次の式が得られます。

$$P_{A_1}(B_1)=0.9$$ （男の子が宿って占い師が男の子と宣言する確率）

$$P_{A_1}(B_2)=1-0.9 = 0.1$$ （男の子が宿って占い師が女の子と宣言する確率）

$$P_{A_2}(B_2)=0.7$$ （女の子が宿って占い師が女の子と宣言する確率）

$$P_{A_2}(B_1)=1-0.7 = 0.3$$ （女の子が宿って占い師が男の子と宣言する確率）

ベイズの定理によると、$P_{B_1}(A_1)$（占い師が「産まれてくる子は男の子」と宣言して男の子が産まれる確率）と、$P_{B_2}(A_2)$（占い師が「産まれてくる子は女の子」と宣言して女の子が産まれる確率）は次の式で計算されます。

$$\begin{aligned}
P_{B_1}(A_1) &= \frac{P(A_1)\times P_{A_1}(B_1)}{P(A_1)\times P_{A_1}(B_1)+P(A_2)\times P_{A_2}(B_1)} \\
&= \frac{0.5\times 0.9}{0.5\times 0.9+0.5\times 0.3} \\
&= \frac{0.45}{0.6} \\
&= 0.750
\end{aligned}$$

$$\begin{aligned}
P_{B_2}(A_2) &= \frac{P(A_2)\times P_{A_2}(B_2)}{P(A_1)\times P_{A_1}(B_2)+P(A_2)\times P_{A_2}(B_2)} \\
&= \frac{0.5\times 0.7}{0.5\times 0.1+0.5\times 0.7} \\
&= \frac{0.35}{0.4} \\
&= 0.875
\end{aligned}$$

つまり、「産まれてくる子は男」と言われたＸさん一家に、実際に男の子が産まれる確率は0.750ということです。また、「産まれてくる子は女」と言われたＹさん一家に、実際に女の子が産まれる確率は0.875ということです。

「占い師は産まれてくる子が男の場合は90％の確率で男の子と宣言する」という特性から、「男の子だ」と宣言されたＸさん一家の方が占い師の言った通りになる確率が高いように見えますが、実際は、Ｙさん一家の方が占い師の言った通りになる確率は高いことが分かります。

この問題も図解しておきましょう。図のグレーの部分を全体と見て、特に濃いグレーの部分の占める割合が「男の子が産まれると宣言して男の子が産まれる」確率です。また、図の色の部分を全体と見て、特に色の濃い部分の占める割合が「女の子が産まれると宣言して女の子が産まれる」確率です。

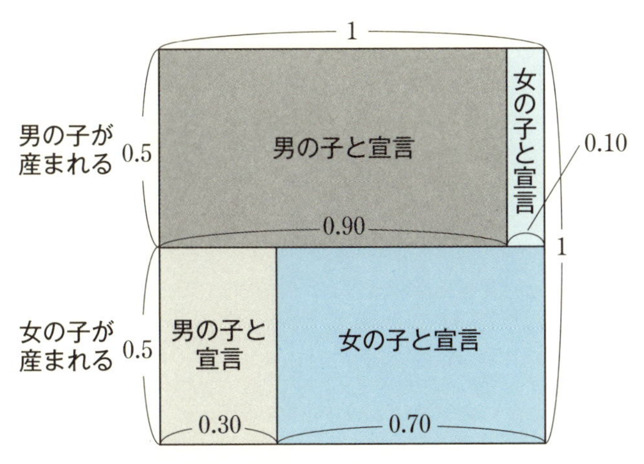

▲図4-4-3 「男の子が産まれる」と宣言された場合は、図のグレーの部分を全体と見て、そこに占める部分の占める割合で確率を求める。「女の子が産まれる」と宣言された場合は、同様に図の色の部分に限定して考えればよい

第4章 ベイズの定理 〜条件付き確率の応用〜

「スミス氏の子供」問題

スミスさんには子供が2人います。スミスさんに「娘さんはいますか？」と聞いたところ「はい」と答えました。このとき、もう1人の子供も女の子である確率はいくつでしょう。

▲図4-4-4 「娘さんはいますか？」という問いにスミスさんは「はい。」と答えた

単純に、子供が女か男かという問題ならば、それぞれ確率は$\frac{1}{2}$なので答は$\frac{1}{2}$です。ところが、女の子供がいることを知った時点で状況は変わります。

子供が2人いることは確かなので、出生順を考慮すれば次の4通りの場合が考えられます。

(1) 兄・弟
(2) 兄・妹
(3) 姉・弟
(4) 姉・妹

男女が産まれる確率は同じと仮定すれば、いずれの場合も起こる確率は同じで、$\frac{1}{2}\times\frac{1}{2}=\frac{1}{4}$です。ところが「娘がいる」ということから (1) である可能性はなくなりました。このことから、(2)、(3)、(4)の場合に限定して考え、特にスミスさんの返答から(4)の場合に注目すればよいので求める確率は$\frac{1}{3}$です。

つまり、もう1人が女である確率は$\frac{1}{3}$となります。ちなみに、もう1人が男である確率は (2) と (3) に注目することになるので$\frac{2}{3}$です。

似たような別の状況を考えてみましょう。

スミスさんには子供が2人います。ある日町中でスミスさんに会いました。1人の女の子を連れていたので、「娘さんですか？」と聞いたところ、「はい、そうです。」と答えました。この場合、もう1人の子供も女の子である確率はいくつでしょう。

▲図4-4-5　「娘さんですか？」という問いにスミスさんは「はい、そうです。」と答えた

先ほどの問題とよく似ていますが状況は異なります。

町中で会った女の子が姉だとすれば、もう1人の子は妹か弟なので、もう1人が女の子である確率は$\frac{1}{2}$です。

町中で会った女の子が妹だとすれば、もう1人の子は姉か兄なので、もう1人が女の子である確率は$\frac{1}{2}$です。

いずれにせよ、もう1人の子供も女の子である確率は$\frac{1}{2}$となります。

これらの例を「**スミス氏の子供**」問題と呼んでいます。

4-5 スパムメールフィルタ

ベイジアンフィルタ

SNS全盛のいまでも、電子メールはビジネス等では欠かせないツールになっていますが、「スパムメール」(迷惑メール) が問題となっています。発信者がどこのだれかは分かりませんが、迷惑な内容のメールを理不尽に送りつけてきます。中には、貼り付けられたリンク先にうっかりアクセスしてしまうと、とんでもない罠にはまる場合もあります。

そこで登場したのが「**スパムメールフィルタ**」という機能で、契約しているプロバイダのメールサーバなどにこの機能が備わっていると、自動的に送られてきた大量のメールをチェックして、迷惑メールを専用フォルダに移動してくれるのです。実は、この機能にはベイズの定理が利用されている場合があり、「**ベイジアンフィルタ**」(Bayesian filter) と呼ばれることもあります。

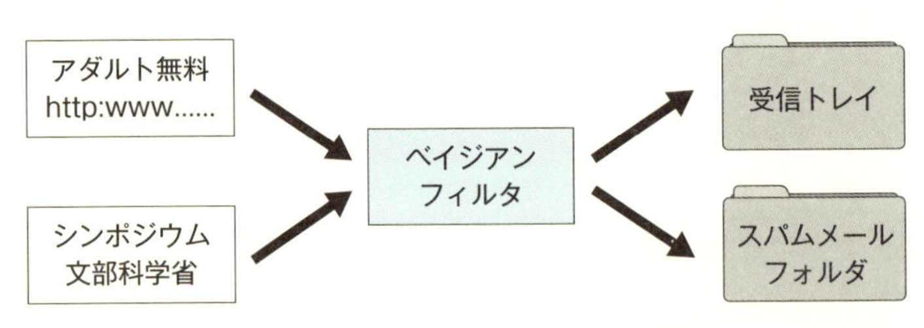

▲図4-5-1　ベイジアンフィルタの原理

迷惑メールのタイトルや本文には、「アダルト」、「無料」、URL貼り付けなど、特徴のある単語やフレーズが含まれます。これらの要素が含まれることで、迷惑メールである“可能性”を計算します。通常メールにはこれらの要素が含まれることは比較的少なく、逆に、通常メールに見かけることの多い要素もあります。これらの特徴を基に、迷惑メールである確率と、通常メールである確率を算出して、受信メールの振り分けをするのがベイジアンフィルタです。実際のベイジアンフィルタは高度なアルゴリズムで実現されていますが、ここでは、基本的なしくみを簡単に紹介します。

迷惑メール判定の手順

迷惑メールを検出するために、仮に次のような単語に注目するとしましょう。実際はもっと多くの要素を基にします。

アダルト
無料
文学
数学

そして、これらが受信メールに見出されるという事象をそれぞれA_1、A_2、A_3、A_4とし、各事象が迷惑メールで起こる確率と、通常メールで起こる確率が次のようになっている仮定します。

見出される単語	迷惑メールで起こる確率	通常メールで起こる確率
A_1　アダルト	0.8	0.1
A_2　無料	0.6	0.2
A_3　文学	0.3	0.7
A_4　数学	0.1	0.5

この確率はチェックしたメールから得られる情報や時間の経過とともに変わっていくので、表は更新されていくことになります。確率だけに注目すると、「アダルト」や「無料」は怪しい可能性の高い要素で、「文学」や「数学」はそうでもない要素です。

ある受信メールで、「アダルト」、「無料」、「文学」という要素が同時に検出されました。このとき、このメールは迷惑メールと判断してよいかを確率に基づいて判断します。ただし、この時点では受信メール全体の中で、迷惑メールは60%、通常メールは40%であるとします。

このとき、ベイズの定理より次の8つの式が得られます。

$$P_{A_1}(X)=\frac{P(X)\times P_X(A_1)}{P(X)\times P_X(A_1)+P(Y)\times P_Y(A_1)}$$

$$P_{A_1}(Y)=\frac{P(Y)\times P_Y(A_1)}{P(X)\times P_X(A_1)+P(Y)\times P_Y(A_1)}$$

$$P_{A_2}(X)=\frac{P(X)\times P_X(A_2)}{P(X)\times P_X(A_2)+P(Y)\times P_Y(A_2)}$$

$$P_{A_2}(Y)=\frac{P(Y)\times P_Y(A_2)}{P(X)\times P_X(A_2)+P(Y)\times P_Y(A_2)}$$

$$P_{A_3}(X)=\frac{P(X)\times P_X(A_3)}{P(X)\times P_X(A_3)+P(Y)\times P_Y(A_3)}$$

$$P_{A_3}(Y)=\frac{P(Y)\times P_Y(A_3)}{P(X)\times P_X(A_3)+P(Y)\times P_Y(A_3)}$$

$$P_{A_4}(X)=\frac{P(X)\times P_X(A_4)}{P(X)\times P_X(A_4)+P(Y)\times P_Y(A_4)}$$

$$P_{A_4}(Y)=\frac{P(Y)\times P_Y(A_4)}{P(X)\times P_X(A_4)+P(Y)\times P_Y(A_4)}$$

ここで、右辺の分数の分母について解くと次のような8つの式が得られます。

左辺が等しい

$$P(X)\times P_X(A_1)+P(Y)\times P_Y(A_1)=\frac{P(X)\times P_X(A_1)}{P_{A_1}(X)} \quad ①$$

$$P(X)\times P_X(A_1)+P(Y)\times P_Y(A_1)=\frac{P(Y)\times P_Y(A_1)}{P_{A_1}(Y)} \quad ①'$$

左辺が等しい

$$P(X)\times P_X(A_2)+P(Y)\times P_Y(A_2)=\frac{P(X)\times P_X(A_2)}{P_{A_2}(X)} \quad ②$$

$$P(X)\times P_X(A_2)+P(Y)\times P_Y(A_2)=\frac{P(Y)\times P_Y(A_2)}{P_{A_2}(Y)} \quad ②'$$

左辺が等しい

$$P(X)\times P_X(A_3)+P(Y)\times P_Y(A_3)=\frac{P(X)\times P_X(A_3)}{P_{A_3}(X)} \quad ③$$

$$P(X)\times P_X(A_3)+P(Y)\times P_Y(A_3)=\frac{P(Y)\times P_Y(A_3)}{P_{A_3}(Y)} \quad ③'$$

左辺が等しい

$$P(X)\times P_X(A_4)+P(Y)\times P_Y(A_4)=\frac{P(X)\times P_X(A_4)}{P_{A_4}(X)} \quad ④$$

$$P(X)\times P_X(A_4)+P(Y)\times P_Y(A_4)=\frac{P(Y)\times P_Y(A_4)}{P_{A_4}(Y)} \quad ④'$$

上から2式ずつ組合わせて右辺どうしを等号で結ぶと次の4つの式が得られます。

$$\frac{P(X)\times P_X(A_1)}{P_{A_1}(X)}=\frac{P(Y)\times P_Y(A_1)}{P_{A_1}(Y)} \quad ⑤$$

$$\frac{P(X)\times P_X(A_2)}{P_{A_2}(X)}=\frac{P(Y)\times P_Y(A_2)}{P_{A_2}(Y)} \quad ⑥$$

$$\frac{P(X)\times P_X(A_3)}{P_{A_3}(X)}=\frac{P(Y)\times P_Y(A_3)}{P_{A_3}(Y)} \quad ⑦$$

$$\frac{P(X)\times P_X(A_4)}{P_{A_4}(X)}=\frac{P(Y)\times P_Y(A_4)}{P_{A_4}(Y)} \quad ⑧$$

4つの等式をそれぞれ比例式で表せば次の式が得られます。

$$P_{A_1}(X):P_{A_1}(Y)=P(X)\times P_X(A_1):P(Y)\times P_Y(A_1) \quad ⑤'$$
$$P_{A_2}(X):P_{A_2}(Y)=P(X)\times P_X(A_2):P(Y)\times P_Y(A_2) \quad ⑥'$$
$$P_{A_3}(X):P_{A_3}(Y)=P(X)\times P_X(A_3):P(Y)\times P_Y(A_3) \quad ⑦'$$
$$P_{A_4}(X):P_{A_4}(Y)=P(X)\times P_X(A_4):P(Y)\times P_Y(A_4) \quad ⑧'$$

$$\frac{b}{a}=\frac{d}{c}$$
(⑤～⑧)
分母を払う
$$bc=ad$$
内項の積 = 外項の積
$$a:c=b:d$$
(⑤'～⑧')

ここで、「受信メール全体の中で、迷惑メールは60%、通常メールは40%である」としているので、$P(X)=0.6$、$P(Y)=0.4$です。これを4つの比例式に代入すると、次の式が得られます。

$$P_{A_1}(X):P_{A_1}(Y)=0.6\times P_X(A_1):0.4\times P_Y(A_1) \quad ⑨$$
$$P_{A_2}(X):P_{A_2}(Y)=0.6\times P_X(A_2):0.4\times P_Y(A_2) \quad ⑩$$
$$P_{A_3}(X):P_{A_3}(Y)=0.6\times P_X(A_3):0.4\times P_Y(A_3) \quad ⑪$$
$$P_{A_4}(X):P_{A_4}(Y)=0.6\times P_X(A_4):0.4\times P_Y(A_4) \quad ⑫$$

ここで、1番目の事象A_1（式⑨）に注目すると、表から$P_X(A_1)=0.8$、$P_Y(A_1)=0.1$なので次の式が得られます。

$$P_{A_1}(X):P_{A_1}(Y)=0.6\times P_X(A_1):0.4\times P_Y(A_1)$$
$$=0.6\times 0.8:0.4\times 0.1$$

同様にして、事象A_2（式⑩）、事象A_3（式⑪）に注目すると、次の2式が得られます。

$$P_{A_2}(X):P_{A_2}(Y)=0.6\times0.6:0.4\times0.2$$
$$P_{A_3}(X):P_{A_3}(Y)=0.6\times0.3:0.4\times0.7$$

3つの事象、A_1、A_2、A_3が同時に起こる、すなわち、「アダルト」、「無料」、「文学」という要素が同時にメールに検出される確率は、これらの事象が互いに独立だと仮定すれば、乗法定理よりそれぞれの確率の積で求められます。したがって、「迷惑メールでこれらの要素が含まれる確率」と「迷惑メールでこれらの要素が含まれる確率」の比は3つの比例式の同じ位置にある項どうしをかけて、次の式で表されます。

迷惑メールでこれらの要素が含まれる確率	:	通常メールでこれらの要素が含まれる確率

$$=P_{A_1}(X)\times P_{A_2}(X)\times P_{A_3}(X):P_{A_1}(Y)\times P_{A_2}(Y)\times P_{A_3}(Y)$$
$$=(0.6\times0.8)\times(0.6\times0.6)\times(0.6\times0.3):(0.4\times0.1)\times(0.4\times0.2)\times(0.4\times0.7)$$
$$=0.031104:0.000896$$
$$\fallingdotseq 311:9$$

このようなことが“迷惑メール”で起こる確率が“通常メール”で起こる確率の35倍近くあるので、迷惑メールであると判断されます。

このような考え方を「**ナイーブベイズ分類**」(Naive Bayes classifier)と呼んでいて、スパムメールフィルタの基本的な原理として使われます。

一般的には、過去の受信メールを迷惑メールとそうでないメールに分類し、その基になった情報をデータベースに格納します。そして、新たに受信したメールについて、データベースの最新情報を基に処理してこのような判断を行います。このように、ベイジアンフィルタは、事前に蓄積した情報を基に新たな事象の確率を計算していくしくみをもっているので、判断を繰り返していく過程でフィルタの精度が向上していくのです。

4-6 くじ引きの公平性と「ポリアの壺」問題

(続) くじ引きの公平性

袋からくじを引く場合、引いたくじを毎回袋に戻せば、当たる確率は何番目に引いても同じです。

一方、**4-1節**の例で説明したように、引いたくじを袋に戻さないでくじを引き続けるという場合、実は、何番目に引いても当たる確率は同じです。この理由を、順列の考え方で説明してみましょう。

例えば、10本のくじに当たりくじが3本入っているとします。このとき、10個の箱を左から1列に並べ、そこに1本ずつくじを入れ、箱の順がくじを引く順になると考えます。すべてのくじを箱に収めたらふたをして、くじを引く人に当たりかはずれかが分からないようにします。このとき、10本中3本のくじがどの箱にセットされるかは、くじをセットした人以外は知りません。

3本の当たりくじをセットする方法の数は、10個の箱から3個の箱を選ぶ組合せの数なので${}_{10}C_3=120$通りです。このとき、1番目の箱に当たりくじがセットされる方法の数は、残りの9個の箱に2本の当たりくじをセットする方法の数と同じですから${}_9C_2=36$通りです。これから、1番目の箱に当たりくじがセットされる確率は、$\frac{{}_9C_2}{{}_{10}C_3}=\frac{36}{120}=\frac{3}{10}$となります。

同様にして、2番目の箱に当たりくじがセットされる確率も、2番目の箱以外の9箱から2箱を選んで当たりくじを入れる場合の数が${}_9C_2$なので、先と同じ$\frac{{}_9C_2}{{}_{10}C_3}=\frac{3}{10}$という確率が得られます。

3番目以降についても同様で、どの箱に当たりくじがセットされる確率も$\frac{3}{10}$となります。つまり、くじを引く順番は当たる確率には関係しないということになります。この考えに基づけば、くじが何本でも、その中に当たりくじが何本入っていても、当たる確率は引く順番に影響されないということが分かります。

引いたくじを戻さなくても戻しても、何番目に引いても当たる確率は同じなのです。

「ポリアの壺」問題

ここで、次のような変わったくじ引きを考えたとき、当たる確率は引く順番によってどう変わるでしょう。

当たりくじが2本、はずれくじが3本入った袋があります。この袋から1本くじを引いたとき、当たる確率は$\frac{2}{5}$です。

そこで、くじを引いたとき、当たりかはずれかを確認したらくじを袋に戻します。このとき、同種のくじ（当たりなら当たりくじ、はずれならはずれくじ）を1本袋の中に“追加”します。この時点で、袋の中には6本のくじが入ることになります。

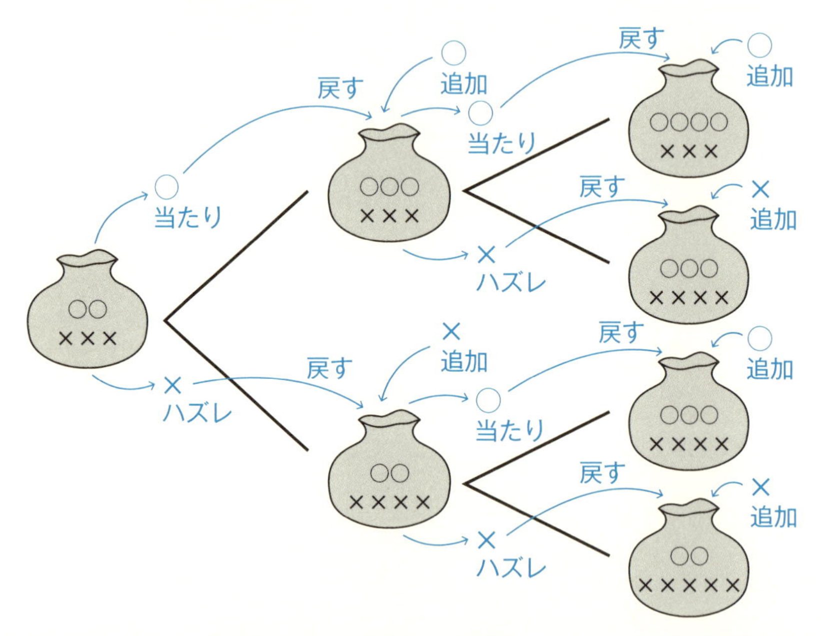

▲図4-6-1　ポリアの壺

このとき、2回目に当たりくじを引く確率を求めてみます。次の2通りに分けて考えます。

(1) 1回目に当たりくじを引いた場合

当たりくじが1本追加されるので、2回目に当たりくじを引く確率は次の式で得られます。

$$\frac{2+1}{5+1}=\frac{3}{6}$$

(2) 1回目にはずれくじを引いた場合

はずれくじが1本追加されるので、2回目に当たりくじを引く確率は次の式で得られます。

$$\frac{2}{5+1}=\frac{2}{6}$$

1回目に当たりくじが出る確率は$\frac{2}{5}$なので、このとき、(1) より2回目に当たりくじを引く確率は「$\frac{2}{5}\times\frac{3}{6}$」となります。

1回目にはずれくじが出る確率は$\frac{3}{5}$なので、このとき、(2) より2回目に当たりくじを引く確率は「$\frac{3}{5}\times\frac{2}{6}$」となります。

これらの事象は互いに排反なので、加法定理より、2回目に当たりくじを引く確率は次の式で得られます。

$$\frac{2}{5}\times\frac{3}{6}+\frac{3}{5}\times\frac{2}{6}=\frac{2}{5}$$

これは1回目に当たりくじを引く確率と同じです。実は、同じように場合分けをして計算すれば、3回目以降も当たりくじを引く確率は$\frac{2}{5}$になります。

毎回、引いたくじは袋に戻し、引いたものと同種のくじを1本袋に追加していくと、袋の中のくじはどんどん増えていくのですが、当たりくじを引く確率は常に一定で変わらないのです。

これを**「ポリアの壺」問題**（Polya's urn problem）と呼んでいます。一般的に、次のことが成り立ちます。

壺に赤玉がa個、白玉がb個入っているとします。この中から玉を1つ取り出し、玉の色を確認したらそれは壺に戻し、同じ色の玉を1個だけ壺に加えます。この操作を繰り返すとき、n回目に赤玉が取り出される確率は次の値になります。

$$\frac{a}{a+b}$$

「$\frac{a}{a+b}$」には回数を表す「n」が入っていない点に注目してください。つまり、当たる確率は何回目でも同じだということです。この事実は「**数学的帰納法**」という方法で証明することができますが、ここでは省略します。

また、玉の色の種類を3種類以上にした場合も同じことが成り立ちます。さらに、毎回追加する同種の玉の数を、1でなく2以上の定数にした場合も、特定の色の玉を引く確率は毎回同じになります。

壺の中の玉の個数がどんどん増えていきますが、何回目に取り出しても、特定の色の玉を取り出す確率は1回目と変わらないのです。

第5章

確率分布 ～統計への入り口～

身長やテストの成績などは、様々に変化する値のそれぞれに、その値の出現する確率を関係付けたものと考えることがあります。このようなものを「**確率変数**」と呼び、その特性は「**確率分布**」という考え方でとらえます。ここでは、代表的な確率分布として、「**二項分布**」や「**正規分布**」などを紹介し、確率が統計学の基礎となっていることを理解します。

5-1 平均値と確率変数

平均値の意味

宝くじは、購入した金額は戻ってこないことを承知で夢を買うものですが、1本あたりどのくらいの当選金額が見込めるかは興味のあるところです。

例えば、宝くじほど規模は大きくないですが、次のようなくじでは1本にいくら"期待"してよいでしょう。

1等	1万円	5本
2等	5千円	10本
3等	千円	30本
ハズレ		55本

まず、賞金総額を求めると次のようになります。

$$10000 \times 5 + 5000 \times 10 + 1000 \times 30 + 0 \times 55 = 130000 \quad \text{円} \quad \cdots ①$$

くじは全部で、5+10+30+55=100本ありますから、1本当たりに換算すると $\frac{130000}{100} = 1300$ 円となります、このことから、100本が完売されれば、1本あたりに期待してよい額は1300円となります。この値を「**期待金額**」あるいは「**期待値**」(expected value) と呼び、一般的には「**平均値**」(mean) という名称で知られています。ここで、平均値はどのような意味を持っているのか考えてみましょう。

平均値を求める際に①の右辺を100で割りましたが、左辺をくじの総数100で割って次のような形に表してみましょう。

$$10000 \times \frac{5}{100} + 5000 \times \frac{10}{100} + 1000 \times \frac{30}{100} + 0 \times \frac{55}{100} = 1300$$

左辺には「賞金金額×分数」という形の項が4つ並びますが、分数部分はくじが出現する確率になっています。つまり、次のような和の形になっていることが分かります。

金額(1)× 確率(1)+ 金額(2)× 確率(2)+…+ 金額(4)× 確率(4)

賞金金額とその額を引き当てる確率との積の合計が期待金額、すなわち平均値です。

もう1つ例を考えましょう。20人在籍するクラスで5点満点のテストを実施したとき、次のような結果が得られたとします。

5点	3名
4点	5名
3点	8名
2点	7名
1点	2名
0点	1名
計	25名

このテストの平均点を求める式は次のように表せます。

$$5\times\frac{3}{25}+4\times\frac{5}{25}+3\times\frac{8}{25}+2\times\frac{7}{25}+1\times\frac{2}{25}+0\times\frac{1}{25}=3\text{点}$$

点数(1)× 確率(1)+ 点数(2)× 確率(2)+…+ 点数(6)× 確率(6)

この場合も、成績（点数）とその成績の出現する確率との積の和が平均点だということを示しています。

確率変数

平均値の求め方を一般化します。

ある試行において、起こりうる事象のすべてが、A_1、A_2、……、A_n(例えば、くじを引く）であり、どの2つも同時に起こらない（互いに排反である）とします。このとき、事象A_1、A_2、……、A_nのそれぞれに、x_1、x_2、……、x_nという値（例えば、賞金金額）が対応していて、それらの起こる確率が、p_1、p_2、……、p_n（例えば、くじを引く確率）であるとします。

このように、変化する値、x_1、x_2、……、x_nのそれぞれに、確率p_1、p_2、……、p_nが与えられているとき、この変化する値を「**確率変数**」と呼びXで表します。つまり、Xは、x_1、x_2、……、x_nという値を取る変数で、変数Xの値が変わるごとに、$P(X=x_1)=p_1$、$P(X=x_2)=p_2$、……、$P(X=x_n)=p_n$という、値の出現する確率が“対”になっているものが確率変数です。

確率変数Xに対して、次の式で得られる値を「**平均値**」あるいは「**期待値**」と呼び、$E(X)$と表します。

$$E(X)=x_1p_1+x_2p_2+\cdots+x_np_n$$

先ほどの、くじ引きにおける賞金金額やテストの得点はいずれも確率変数と見ることができます。このように、われわれが日頃使っている「平均値」は、確率変数という考え方に基づいて得られる値なのです。

5-2 平均値の効用

代表値としての平均値

賞金付きくじが2つあって、いずれも1本の販売額が同じなら、**期待金額**の大きい方を買うでしょう。また、中学校のクラスが1組、2組、3組とあって、数学の**平均点**が、それぞれ、50点、80点、60点だったとしたら、2組を指導した先生の指導力に注目しますね。これらはいずれも**平均値**で、**集団のなんらかの特性を客観的に比較**するために用いられます。

先の例では2組の平均点が80点だったのですが、100点を取った生徒がいるかもしれませんが、10点を取った生徒もいないとは限りません。仮に「**生徒が全員同じ点を取った**」と考えたときの得点が平均点で、その値を使って“とりあえず”他の組との比較を行います。このような値を集団の「**代表値**」と呼び、ある特性を集団間で比較する際に利用されます。

ちなみに、平均値以外の代表値には、「**メディアン**」(median)とか「**モード**」(mode)というものがよく使われます。メディアンは、要素を値の順に並べたときにちょうど中央に位置する値、モードは、最も多く出現する値として定義されます。

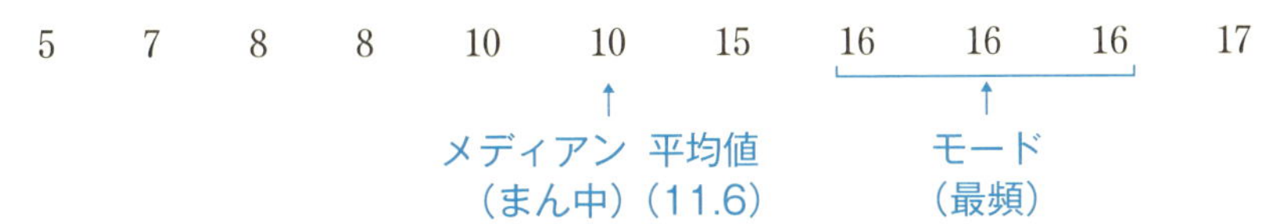

▲図5-2-1 よく使われる代表値、メディアン、モード、平均値

図5−2−1の例でいえば、メディアンは10でモードは16です。

メディアンもモードも、平均値と比べれば簡単に計算できる代表値ですが、大ざっぱな比較にしか使えません。その点、平均値は統計学における「推定」や「検定」などといった、**より高度な解析**に欠かせない量となります。

待ち時間の平均値

平均値には次のような効用もあります。

あるバス停では、毎時10分、30分、55分にバスが発車します。このとき、バスの発車時刻を知らない人がこのバスを利用するためにバス停に来たとき、バスの待ち時間の平均値を計算してみましょう。ただし、バスは必ず定刻に発車するものとします。

バス運行時刻表							
8	10	35	55	14	10	35	55
9	10	35	55	15	10	35	55
10	10	35	55	16	10	35	55
11	10	35	55	17	10	35	55
12	10	35	55	18	10	35	55
13	10	35	55	19	10	35	55

▲図5-2-2　バスの利便性を待ち時間の平均値で測る

バスの間隔は、毎時20分、25分、15分ですから、発車時刻を知らない人が3つの時間帯にバス停にやってくる確率は次のように考えてよいでしょう。

毎時10分〜30分に来る人の確率　$\frac{20}{60}=\frac{4}{12}$

毎時30分〜55分に来る人の確率　$\frac{25}{60}=\frac{5}{12}$

毎時55分〜10分に来る人の確率　$\frac{15}{60}=\frac{3}{12}$

また、それぞれの時間帯では、発車時刻直前に来る人も、発車した直後に来る人もいるわけですが、各時間帯におけるバスの待ち時間の平均値は、先ほどの待ち時間の半部と考えるのが妥当でしょう。理由はこうです。13時10分直前に到着する人はラッキーですが、13時30分直後に来た人はアンラッキーです。そこで、この20分の間に到着する人たちの“平均的な待ち時間”としては、最小の0分待ちの人から最大の20分待ちの人の“まん中”をとって10分とすれば合理的と考えるのです。

したがって、各時間帯でのバスの待ち時間は次のように考えてよいでしょう。

毎時10分〜30分に来る人のバスの待ち時間　$\frac{20}{2}=10$　(分)

毎時30分〜55分に来る人のバスの待ち時間　$\frac{25}{2}=12.5$　(分)

毎時55分〜10分に来る人のバスの待ち時間　$\frac{15}{2}=7.5$　(分)

以上のことから、このバス停におけるバスの待ち時間の平均値は、次のように「**待ち時間×確率**」の和の形で求められます。

$$\frac{20}{2}\times\frac{4}{12}+\frac{25}{2}\times\frac{5}{12}+\frac{15}{2}\times\frac{3}{12}=\frac{125}{12}\fallingdotseq 10.4\quad(分)$$

バスの発車時刻が、毎時00分、20分、40分と、等間隔の発車時刻であった場合はどうなるでしょう。同様の計算で待ち時間の平均値を求めると次のようになります。

$$\frac{20}{2}\times\frac{1}{3}+\frac{20}{2}\times\frac{1}{3}+\frac{20}{2}\times\frac{1}{3}=10\quad(分)$$

先の時刻表より平均待ち時間が短くなりますね。一般的に、発車時刻の間隔はすべて同じにすることで、待ち時間の平均値を最小にできます。

(例題)

5階建てのオフィスビルがあります。エレベータは常にどこかの階に停止していて、どの階に停止している確率も同じであるとします。運良くエレベータの停止している階にいれば、待ち時間無しでエレベータに乗れますが、そうでなければエレベータが来るまで待たなくてはなりません。エレベータが隣り合う階に移動する時間が10秒だとしたとき、次の待ち時間の平均値を求めてみましょう。

(1) 1階から乗る場合の待ち時間の平均値。

(2) 3階から乗る場合の待ち時間の平均値。

(3) 4階から乗る場合の待ち時間の平均値。

▲図5-2-3　エレベータの平均待ち時間は乗る階数によって異なる。

（解答）

エレベータが停止している確率はどの階も同じとしているので、1階から5階のいずれの場合も$\frac{1}{5}$です。

(1) 1階から乗る場合、エレベータが、1階、2階、3階、4階、5階に停止していたとき、それぞれ、0秒、10秒、20秒、30秒、40秒という待ち時間があるので、待ち時間の平均値は次の式で求められます。

$$0\times\frac{1}{5}+10\times\frac{1}{5}+20\times\frac{1}{5}+30\times\frac{1}{5}+40\times\frac{1}{5}=20 \quad (秒)$$

ちなみに、5階は3階を境にして1階と対称の位置なので、5階から乗る場合の待ち時間の平均値も20秒です。

(2) 3階から乗る場合も、(1) と同様にして次の式で求められます。

$$20\times\frac{1}{5}+10\times\frac{1}{5}+0\times\frac{1}{5}+10\times\frac{1}{5}+20\times\frac{1}{5}=12 \quad (秒)$$

(3) 4階から乗る場合も (1) と同様に考えて次の式で求められます。

$$30\times\frac{1}{5}+20\times\frac{1}{5}+10\times\frac{1}{5}+0\times\frac{1}{5}+10\times\frac{1}{5}=14 \quad (秒)$$

ちなみに、2階は3階を境にして4階と対称の位置なので、2階から乗る場合の待ち時間の平均値も14秒です。

したがって、3階で待つのが最も平均時間が少なく、そこから階が離れるにしたがって待ち時間の平均値が長くなることが分かります。**(解答了)**

サイコロゲームの期待金額

サイコロを投げて、出た目の1000倍の金額（円）を獲得できるゲームがあるとします。このゲームの期待金額を計算してみましょう。

サイコロを1回投げる試行で、出た目の1000倍を確率変数Xとしたときの平均値$E(X)$を求めます。確率変数Xは、1000、2000、3000、4000、5000、6000という6つの値をとり、それぞれに次のような確率が対応します。

$$P(X=1000)=\frac{1}{6}$$

$$P(X=2000)=\frac{1}{6}$$

$$P(X=3000)=\frac{1}{6}$$

$$P(X=4000)=\frac{1}{6}$$

$$P(X=5000)=\frac{1}{6}$$

$$P(X=6000)=\frac{1}{6}$$

したがって、平均値$E(X)$は次の式で得られます。

$$\begin{aligned}&E(X)\\&=1000\times\frac{1}{6}+2000\times\frac{1}{6}+3000\times\frac{1}{6}+4000\times\frac{1}{6}+5000\times\frac{1}{6}+6000\times\frac{1}{6}\\&=\frac{21000}{6}\\&=3500\ \text{（円）}\end{aligned}$$

第5章 確率分布 〜統計への入り口〜

5-3 確率変数と確率分布

確率分布

確率変数Xの値に（その値の出現する）確率を対応させたものを「**確率分布**」と呼びます。くじ引きの例は、賞金金額にその賞が当たる確率が対応しているので確率分布です。テストの成績の例も、得点にその得点を持つ生徒が出現する確率が対応しているので確率分布です。

確率分布を視覚化したものを「**確率分布曲線**」あるいは「**確率分布グラフ**」とい呼びます。例えば、サイコロを5回投げて、1の目の出る回数を確率変数Xとしましょう。このとき、Xは0, 1, 2, 3, 4, 5という6通りの値を取り、これらには次のような確率が対応します。

$$P(X=0)={}_5C_0\left(\frac{1}{6}\right)^0\left(\frac{5}{6}\right)^5 \fallingdotseq 0.40188$$

$$P(X=1)={}_5C_1\left(\frac{1}{6}\right)^1\left(\frac{5}{6}\right)^4 \fallingdotseq 0.40188$$

$$P(X=2)={}_5C_2\left(\frac{1}{6}\right)^2\left(\frac{5}{6}\right)^3 \fallingdotseq 0.16075$$

$$P(X=3)={}_5C_3\left(\frac{1}{6}\right)^3\left(\frac{5}{6}\right)^2 \fallingdotseq 0.03215$$

$$P(X=4)={}_5C_4\left(\frac{1}{6}\right)^4\left(\frac{5}{6}\right)^1 \fallingdotseq 0.00321$$

$$P(X=5)={}_5C_5\left(\frac{1}{6}\right)^5\left(\frac{5}{6}\right)^0 \fallingdotseq 0.00013$$

この確率がどのように求められるかを$P(X=2)$の場合で説明します。

$X=2$の場合「5回サイコロを投げて1の目が2回出る」という事象の確率を求めます。このような目の出方は、1回目から5回目までの5通りから2つの回を選ぶ方法を考えて${}_5C_2$通りあることが分かります。また、そのいずれの場合も、5回の中で1の目が2回出て、1以外の目が3回出るというので、確率は$\left(\frac{1}{6}\right)^2\times\left(\frac{5}{6}\right)^3$で求められます。したがって、$P(X=2)$

は次の式で得られます。

$$P(X=2) = {}_5C_2\left(\frac{1}{6}\right)^2\left(\frac{5}{6}\right)^3$$

他の確率の値も同様な考え方で求めることができます。

そこで、横軸にXの値（5回中1の目の出る回数）、縦軸に確率$P(X)$をとってこの状況を一目で分かるように確率分布曲線を作ってみます。

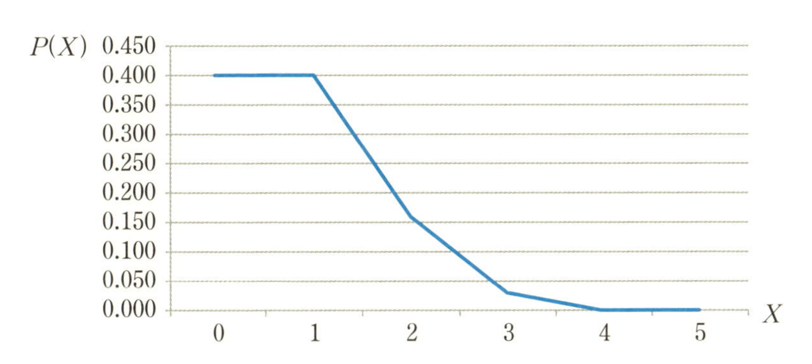

▲図5-3-1　サイコロの5回投げで1の目の出る回数の確率分布曲線。サイコロを投げて1の目がX回出る確率はXの値が大きくなるほど小さくなる

このグラフから、1の目が5回中0回出る確率$P(X=0)$あるいは1回出る確率$P(X=1)$が最も大きく、5回中5回とも1の目の出る確率$P(X=5)$が最も小さいことが一目で分かります。

サイコロを投げる回数を30回にして同様なことを行うと、図5−3−2のようなグラフが得られます。先ほどのグラフと比べると、より滑らかな山の形に近付きます。

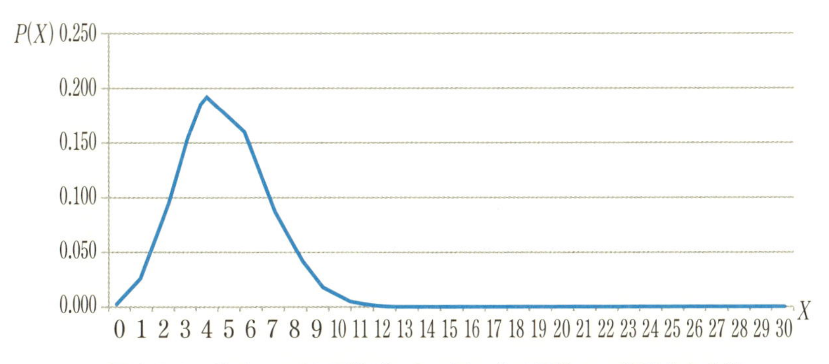

▲図5-3-2　サイコロ30回投げで1の目の出る回数Xの確率分布曲線

二項分布

一般に、1回の試行で事象Aが起こる確率がpで、これをn回繰り返したときに、n回中事象Aの起こる回数rを確率変数Xとしたときに得られる確率分布を「**二項分布**」(binomial distribution)と呼びます。"二項"の名の由来は、確率の値に、**2-8節**で紹介した二項係数が登場することにあります。このとき、確率変数Xは二項分布に**従う**といいます。

(例題)

コインを5回投げて表の出る回数を確率変数Xとします。このとき、どのような二項分布が得られるでしょう。

(解答)

先のサイコロの例と同様に考えると、次のような確率分布が得られ、これをグラフにすると図5−3−3のようになります。

$$P(X=0)={}_5C_0\left(\frac{1}{2}\right)^0\left(\frac{1}{2}\right)^5={}_5C_0\left(\frac{1}{2}\right)^5=0.03125$$

$$P(X=1)={}_5C_1\left(\frac{1}{2}\right)^1\left(\frac{1}{2}\right)^4={}_5C_1\left(\frac{1}{2}\right)^5=0.15625$$

$$P(X=2)={}_5C_2\left(\frac{1}{2}\right)^2\left(\frac{1}{2}\right)^3={}_5C_2\left(\frac{1}{2}\right)^5=0.3125$$

$$P(X=3)={}_5C_3\left(\frac{1}{2}\right)^3\left(\frac{1}{2}\right)^2={}_5C_3\left(\frac{1}{2}\right)^5=0.3125$$

$$P(X=4)={}_5C_4\left(\frac{1}{2}\right)^4\left(\frac{1}{2}\right)^1={}_5C_4\left(\frac{1}{2}\right)^5=0.15625$$

$$P(X=5)={}_5C_5\left(\frac{1}{2}\right)^5\left(\frac{1}{2}\right)^0={}_5C_5\left(\frac{1}{2}\right)^5=0.03125$$

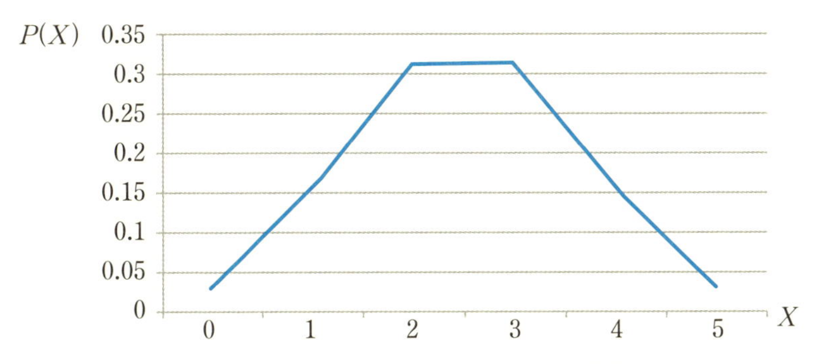

▲図5-3-3　コイン5回投げで表の出る回数Xの確率分布曲線

表の出る確率と裏の出る確率がいずれも0.5で等しいため、左右対称のグラフになります。**(解答了)**

コイン投げの回数を50回に増やすと図5−3−4のような滑らかな曲線が得られます。

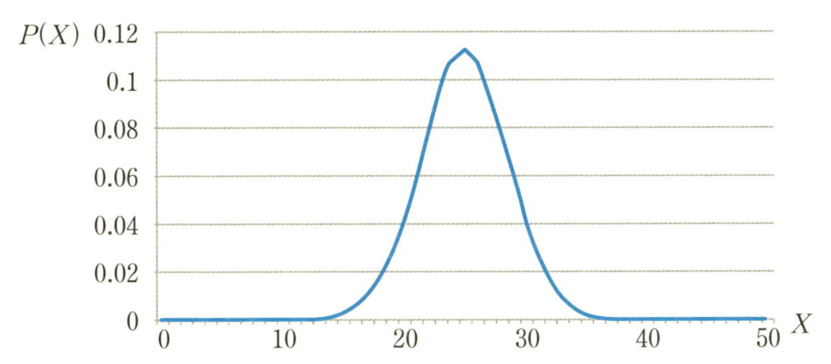

▲図5-3-4　コインを50回投げたときの表の出る回数を確率変数Xにしたときの確率分布曲線

「ゴルトン盤」による二項分布のシミュレーション

「**ゴルトン盤**」(Galton Board) という機器を使うと二項分布のシミュレーションが行えます (図5−3−5)。これは、パチンコ玉を1つの口から落下させ、その先に並ぶ盤上の釘の隙間を通らせ、最終的に $(n+1)$ 個ある“受け皿”に入るようにしたものです。パチンコ玉は途中の釘に当たると$\frac{1}{2}$の確率で左右に分かれて進む方向が変えられます。これは、複数回のコイン投げにおいて表と裏の出る確率が毎回同じであることをシミュレーションしていると考えてもよいでしょう。

このような釘による進路変更がn回繰り返えされた結果、最も入りやすいのは中央の受け皿で、最も入りにくいのは左右にある受け皿口であることが分かります。このことは、いくつものパチンコ玉を落下させ、受け皿にたまるパチンコ玉の数の大小から確認できます。

パチンコの玉を1個落下させたとき、n回釘に当たって受け皿に落ちる場合は、n回のコイン投げを1回シミュレーションすることにあたります。また、何個ものパチンコ玉を落とすことで、n回のコイン投げを何度も繰り返すシミュレーションが実行され、その結果を受け皿にたまったパチンコ玉の量（高さ）で確率分布を表現することができるのです。

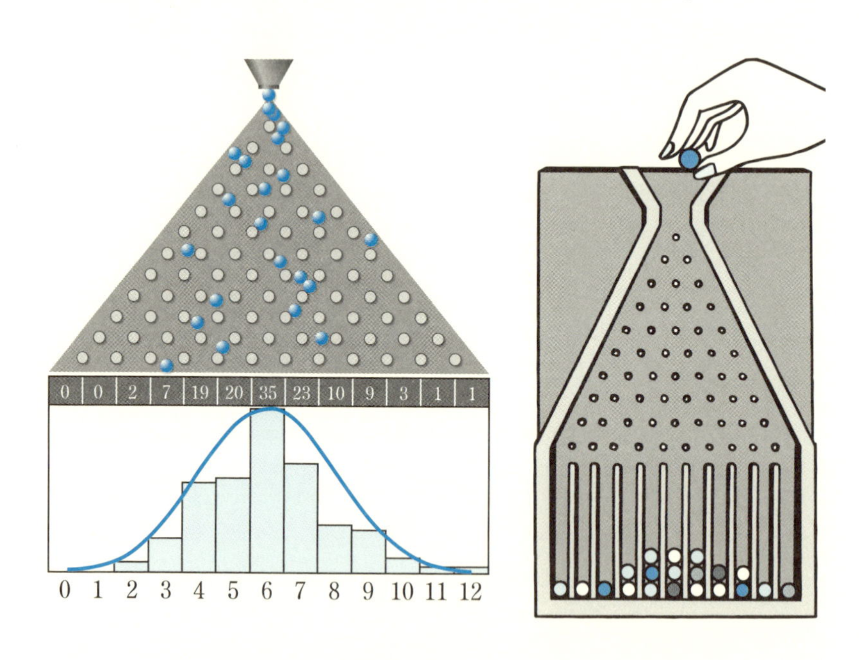

▲図5-3-5　左はコイン12回投げのシミュレーション。右はゴルトン盤

左端の受け皿のパチンコ玉の数が少ないのは、表がn回中0回である確率が小さいことを意味しています。また、右端の受け皿のパチンコ玉の数が少なのは、表がn回中n回である確率が小さいことを意味しています。さらに、中央に近い受け皿のパチンコ玉の数が一番多いのは、表と裏が半々に出る確率が一番大きいことを意味しています。

5-4 確率変数の分散と標準偏差

集団のばらつきをとらえる散布度

平均値は集団と集団の間でなんらかの特性を比較するのに用いられます。しかし、同じ平均値を持つ集団でも**“ばらつき”**が同じだとは限りません。例えばA、B、2つのクラスの成績（得点）が次のような結果であったとします。

$A=\{10,\ 25,\ 50,\ 75,\ 90\}$（点）

$B=\{40,\ 45,\ 50,\ 55,\ 60\}$（点）

どちらのクラスも平均点は50点で同じです。しかし、これらの得点を数直線上に表すと図のようになり、A組の方がB組よりばらついていることが分かります。

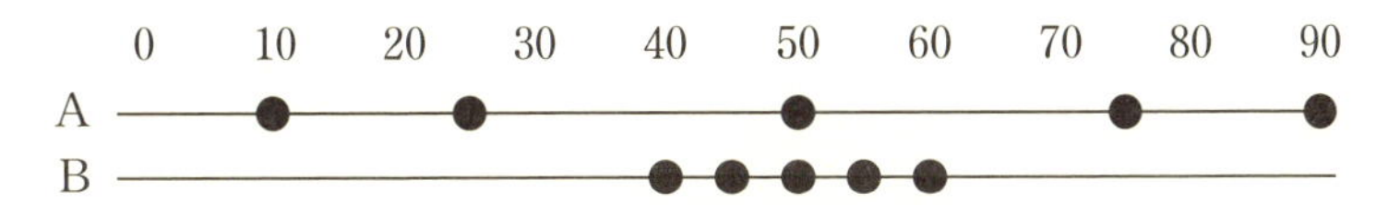

▲図5-4-1　点数を数直線上にプロットにするとばらつきの違いが見えてくる

平均値などの代表値では集団のばらつきをとらえることができません。このため、「**散布度**」という指標を導入してばらつきの比較を行います。散布度にはいくつもの種類がありますが、ここでは代表的なものとして「**分散**」(variance) と「**標準偏差**」(standard deviation)を紹介します。実は、この2つの値は極めて関係が深く、**分散の正の平方根が標準偏差**で、**標準偏差の２乗が分散**です。例えば、分散が9であれば標準偏差は$\sqrt{9}=3$であり、標準偏差が2であれば分散は$2^2=4$です。(図5−4−2)

分散　正の平方根 →　標準偏差

←２乗（平方）

▲図5-4-2　分散と標準偏差は密接な関係にある

5-1節で紹介したように、確率変数Xの平均値$E(X)$は次の式で計算します。

$$E(X)=x_1p_1+x_2p_2+\cdots+x_np_n$$

ここで、$E(X)$をμ（μはギリシャ文字で「**ミュー**」と呼びます）と略記すると、確率変数Xの分散$V(X)$および標準偏差$\sigma(X)$（σはギリシャ文字で「**シグマ**」と呼びます）は次の式で定義されます。

$$V(X)=(x_1-\mu)^2p_1+(x_2-\mu)^2p_2+\cdots+(x_n-\mu)^2p_n \quad \text{（分散）}$$

$$\sigma(X)=\sqrt{V(X)} \quad \text{（標準偏差）}$$

ここで、$V(X)$の右辺に現れる$x_1-\mu$、$x_2-\mu$、……、$x_n-\mu$を「**偏差**」(deviation)と呼びます。これは、個々の確率変数の値が平均値μからどれだけ離れているかを示しています。確率変数の値が平均値より大きい場合は正の値になり、確率変数の値が平均値より小さい場合は負の値になります。また、確率変数の値が平均値と同じであれば偏差は0です。

偏差の総和を計算すると正の値と負の値が相殺して常に0になってしまいます。しかし、分散の計算では偏差を2乗した値の総和を求めているため常に0以上の値になります。

集団がばらついていれば、偏差の絶対値は大きくなる傾向があり、その2乗も大きくなります。確率変数のとり得るすべての値について、偏差の2乗と（その値の出現する）確率との積を合計したものが分散です。分散の大小により集団のばらつきの度合を比較します。

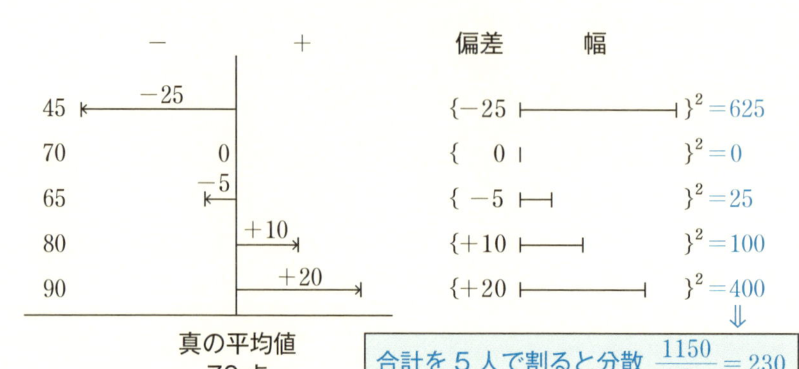

▲図5-4-3　確率変数の値と平均値との差が偏差（各点数の出現確率は$\frac{1}{5}$）

ここでは証明を省略しますが、$V(X)$を求める式の右辺を変形すると次の式が得られます。

公式 $V(X) = x_1{}^2 p_1 + x_2{}^2 p_2 + \cdots + x_n{}^2 p_n - \mu^2$

こちらの式の方が、引き算が1回なので楽に計算できます。

分散や標準偏差でばらつきを比較する

先ほどの例で、A組の成績を確率変数Xとし、B組の成績を確率変数Yとすれば、それぞれの分散と標準偏差は次の式で求められます。

A組の平均値 $\mu_X = \dfrac{10+25+50+75+90}{5}$

$= 50$ （点）

A組の分散 $V(X) = 10^2 \times \dfrac{1}{5} + 25^2 \times \dfrac{1}{5} + 50^2 \times \dfrac{1}{5} + 75^2 \times \dfrac{1}{5} + 90^2 \times \dfrac{1}{5} - 50^2$

$= 890$

A組の標準偏差 $\sigma(X) = \sqrt{890}$

$\fallingdotseq 29.8$

B組の平均値 $\mu_Y = \dfrac{40+45+50+55+60}{5}$

$= 50$ （点）

B組の分散 $V(Y) = 40^2 \times \dfrac{1}{5} + 45^2 \times \dfrac{1}{5} + 50^2 \times \dfrac{1}{5} + 55^2 \times \dfrac{1}{5} + 60^2 \times \dfrac{1}{5} - 50^2$

$= 50$

B組の標準偏差 $\sigma(Y) = \sqrt{50}$

$\fallingdotseq 7.1$

$V(X) > V(Y)$であり、必然的に$\sigma(X) > \sigma(Y)$なので、A組の方がばらつきが大きいと判断できます。

> **(例題)**
> サイコロを3回投げたとき、サイコロの目の値を確率変数Xとして、Xの平均値$E(X)$、分散$V(X)$、標準偏差$\sigma(X)$を求めてみましょう。

(解答)

各確率変数に対応する確率はすべて$\frac{1}{6}$なので、$E(X)$と$V(X)$は次の式で求められます。

$$P(X=1)=\frac{1}{6}$$

$$P(X=2)=\frac{1}{6}$$

$$P(X=3)=\frac{1}{6}$$

$$P(X=4)=\frac{1}{6}$$

$$P(X=5)=\frac{1}{6}$$

$$P(X=6)=\frac{1}{6}$$

$$\begin{aligned}E(X)&=1\times\frac{1}{6}+2\times\frac{1}{6}+3\times\frac{1}{6}+4\times\frac{1}{6}+5\times\frac{1}{6}+6\times\frac{1}{6}\\&=\frac{21}{6}\\&=\frac{7}{2}\\&=3.5\end{aligned}$$

$$\begin{aligned}V(X)&=1^2\times\frac{1}{6}+2^2\times\frac{1}{6}+3^2\times\frac{1}{6}+4^2\times\frac{1}{6}+5^2\times\frac{1}{6}+6^2\times\frac{1}{6}-3.5^2\\&=\frac{91}{6}-3.5^2\\&\fallingdotseq 2.9\end{aligned}$$

$\sigma(X)=\sqrt{2.9}\fallingdotseq 1.7$　　**(解答了)**

5-5 正規分布

これまでに紹介してきた確率変数は、宝くじの賞金金額、サイコロの目、サイコロ投げにおける1の目の出る回数、コイン投げにおける表の出る回数など、飛び飛びの値（**離散値**）でした。ここでは、連続した値（**連続値**）をとる確率変数を考えてみます。

度数分布表とヒストグラム

アンケートや身体測定など、多数のデータをまとめる場合は「**度数分布表**」を利用します。これは、一定間隔で区切った「**階級**」と呼ばれるクラスを設定し、そこに属するデータの件数（これを「**度数**」と呼びます）を一覧できるように表にまとめたものです。

例えば、男子生徒が300人在籍する高校で生徒の身長を度数分布表にまとめると次のような表になります。

階級（cm以上ーcm未満）	度数	相対度数（出現確率）
150－155	24	0.08
155－160	30	0.10
160－165	42	0.14
165－170	66	0.22
170－175	72	0.24
175－180	36	0.12
180－185	30	0.10
合計	300	1.00

▲表5-5-1

ここでは身長を5cm幅で整理して7つの階級を作りました。ちなみに、5cmを「**階級の幅**」と呼びます。身長は一見離散値のように見えますが、実際にはいくらでも細かく測定できるので連続値と見なします。

各階級の度数を全体の人数300で割ったものをその階級の「**相対度数**」

と呼びます。つまり、全体を1と見たときに占める割合のことです。この値は、その身長を持つ生徒が現れる「**出現確率**」と考えることができます。

横軸に階級を、縦軸に相対度数をとって描いたグラフを「**ヒストグラム**」(histogram) と呼びます。

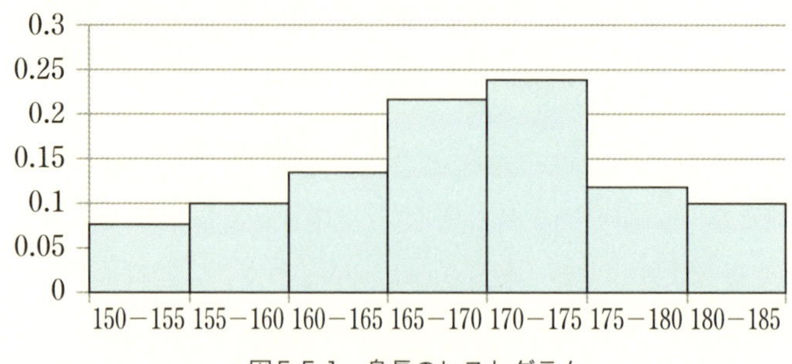

▲図5-5-1　身長のヒストグラム

このヒストグラムで、各柱の底辺の長さを「1」と見なせば、**柱の面積の総和は1**となることに注意してください。なぜなら、ヒストグラムを構成する7本の柱の面積は、それぞれ、(底辺の長さ)×(高さ)で得られますが、(底辺の長さ)=1、(高さ)= 確率ですから、これらの和は、確率変数の7つの値に対応する確率の総和となり1に等しくなるからです。

正規分布

この例の、300人という大きさを増やすと、ヒストグラムは、さらになめらかな“山の形”に近づき、「**正規分布**」(normal distribution) あるいは「**ガウス分布**」(Gaussian distribution) と呼ばれる確率分布の分布曲線に近づきます。

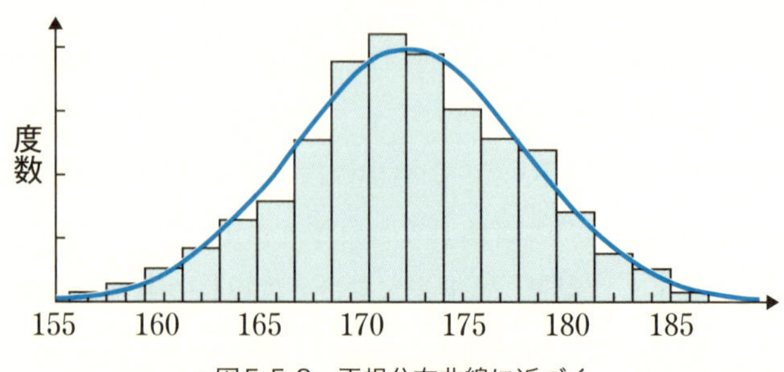

▲図5-5-2　正規分布曲線に近づく

正規分布曲線は一般に次の関数のグラフとして与えられます。

$$f(X)=\frac{1}{\sqrt{2\pi}\,\sigma}e^{-\frac{(X-\mu)^2}{2\sigma^2}}$$

ここで、μは確率変数の平均値でσは標準偏差です。また、πは**円周率**（$\pi=3.141\cdots$）で、eは**ネピアの定数**（$e=2.718\cdots$）です。このとき、確率変数Xは**正規分布に従う**といいます。

この式をグラフにしたものは次のような形になります。

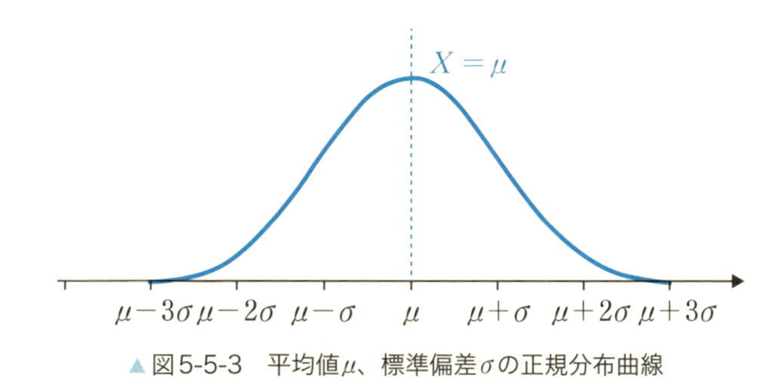

▲図5-5-3　平均値μ、標準偏差σの正規分布曲線

このグラフには次のような特徴があります。

- **直線$X=\mu$を中心に線対称**
- **直線$X=\mu$から直線$X=\mu+z\sigma$離れたところまでの面積は、μやσによらずzの値で決まる**

例えば、身長を確率変数Xとしたとき、Xが平均値$\mu=168$cm、標準偏差$\sigma=3$cmの正規分布に従うとします。このとき、身長が168cm以上171cm以下の生徒は全体の34.13%を占めています。その理由は、168cmはXの平均値μで、171cmはそこから3cm、つまりXの標準偏差σの1倍離れていて、Xが正規分布に従っている場合は、前述の2番目の特徴から、図5−5−4の斜線部の面積が0.3413（割合で示せば34.13%）と決まっているからです。

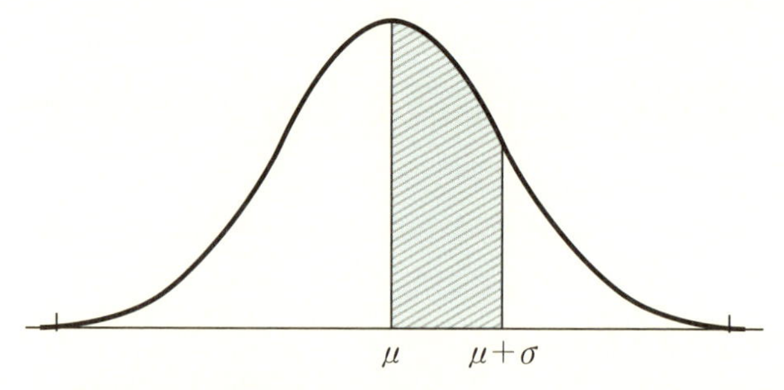

▲図5-5-4　平均値μから標準偏差σの1倍離れたところまでの部分の面積（斜線部）は0.3413と決まっている

ここで、$X=\mu$からの距離がσの何倍かを示す値をzとしましょう。zが整数値の場合は面積は次のように決まっています。

$z=1$　0.3413（対称軸の右側）
$z=-1$　0.3413（対称軸の左側）
$z=2$　0.4772（対称軸の右側）
$z=-2$　0.4772（対称軸の左側）
$z=3$　0.4987（対称軸の右側）
$z=-3$　0.4987（対称軸の左側）

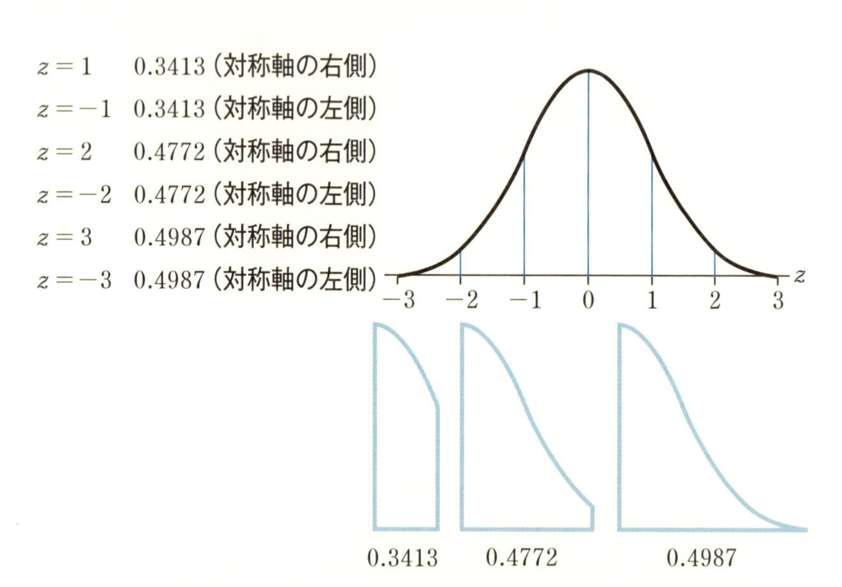

▲図5-5-5　左から、$z=1, 2, 3$に対応する部分とその面積

$z>3$、$z<-3$の場合は、ほとんど0.5に近い値なので省略します。

標準正規分布表

zが整数値でない場合は「**標準正規分布表**」から面積を得ることができます。ここで、**標準正規分布**とは、**平均値が0で、標準偏差が1の正規分**

布のことです。

次の式による変数の変換を「**標準化**」と呼びます。

$$z=\frac{X-\mu}{\sigma}$$

標準化を行えば、正規分布の平均値と標準偏差がどのような値であっても、表5－5－2の標準正規分布表を用いることで容易に確率の計算（グラフ内の特定部分の面積の算出）が行えるのです。

z	0.00	0.01	0.02	0.03	0.04	0.05	0.06	0.07	0.08	0.09
0.0	0.0000	0.0040	0.0080	0.0120	0.0160	0.0199	0.0239	0.0279	0.0319	0.0359
0.1	0.0398	0.0438	0.0478	0.0517	0.0557	0.0596	0.0636	0.0675	0.0714	0.0753
0.2	0.0793	0.0832	0.0871	0.0910	0.0948	0.0987	0.1026	0.1064	0.1103	0.1141
0.3	0.1179	0.1217	0.1255	0.1293	0.1331	0.1368	0.1406	0.1443	0.1480	0.1517
0.4	0.1554	0.1591	0.1628	0.1664	0.1700	0.1736	0.1772	0.1808	0.1844	0.1879
0.5	0.1915	0.1950	0.1985	0.2019	0.2054	0.2088	0.2123	0.2157	0.2190	0.2224
0.6	0.2257	0.2291	0.2324	0.2357	0.2389	0.2422	0.2454	0.2486	0.2517	0.2549
0.7	0.2580	0.2611	0.2642	0.2673	0.2704	0.2734	0.2764	0.2794	0.2823	0.2852
0.8	0.2881	0.2910	0.2939	0.2967	0.2995	0.3023	0.3051	0.3078	0.3106	0.3133
0.9	0.3159	0.3186	0.3212	0.3238	0.3264	0.3289	0.3315	0.3340	0.3365	0.3389
1.0	0.3413	0.3438	0.3461	0.3485	0.3508	0.3531	0.3554	0.3577	0.3599	0.3621
1.1	0.3643	0.3665	0.3686	0.3708	0.3729	0.3749	0.3770	0.3790	0.3810	0.3830
1.2	0.3849	0.3869	0.3888	0.3907	0.3925	0.3944	0.3962	0.3980	0.3997	0.4015
1.3	0.4032	0.4049	0.4066	0.4082	0.4099	0.4115	0.4131	0.4147	0.4162	0.4177
1.4	0.4192	0.4207	0.4222	0.4236	0.4251	0.4265	0.4279	0.4292	0.4306	0.4319
1.5	0.4332	0.4345	0.4357	0.4370	0.4382	0.4394	0.4406	0.4418	0.4429	0.4441
1.6	0.4452	0.4463	0.4474	0.4484	0.4495	0.4505	0.4515	0.4525	0.4535	0.4545
1.7	0.4554	0.4564	0.4573	0.4582	0.4591	0.4599	0.4608	0.4616	0.4625	0.4633
1.8	0.4641	0.4649	0.4656	0.4664	0.4671	0.4678	0.4686	0.4693	0.4699	0.4706
1.9	0.4713	0.4719	0.4726	0.4732	0.4738	0.4744	0.4750	0.4756	0.4761	0.4767
2.0	0.4772	0.4778	0.4783	0.4788	0.4793	0.4798	0.4803	0.4808	0.4812	0.4817
2.1	0.4821	0.4826	0.4830	0.4834	0.4838	0.4842	0.4846	0.4850	0.4854	0.4857
2.2	0.4861	0.4864	0.4868	0.4871	0.4875	0.4878	0.4881	0.4884	0.4887	0.4890
2.3	0.4893	0.4896	0.4898	0.4901	0.4904	0.4906	0.4909	0.4911	0.4913	0.4916
2.4	0.4918	0.4920	0.4922	0.4925	0.4927	0.4929	0.4931	0.4932	0.4934	0.4936
2.5	0.4938	0.4940	0.4941	0.4943	0.4945	0.4946	0.4948	0.4949	0.4951	0.4952
2.6	0.4953	0.4955	0.4956	0.4957	0.4959	0.4960	0.4961	0.4962	0.4963	0.4964
2.7	0.4965	0.4966	0.4967	0.4968	0.4969	0.4970	0.4971	0.4972	0.4973	0.4974
2.8	0.4974	0.4975	0.4976	0.4977	0.4977	0.4978	0.4979	0.4979	0.4980	0.4981
2.9	0.4981	0.4982	0.4982	0.4983	0.4984	0.4984	0.4985	0.4985	0.4986	0.4986
3.0	0.4987	0.4987	0.4987	0.4988	0.4988	0.4989	0.4989	0.4989	0.4990	0.4990

▲表5-5-2　標準正規分布表

ここで、確率変数Xが正規分布に従うとき、確率分布曲線と横軸とで囲まれた山型部分における、特定部分の面積（図5－5－6）は標準正規分布表から読み取ることができます。

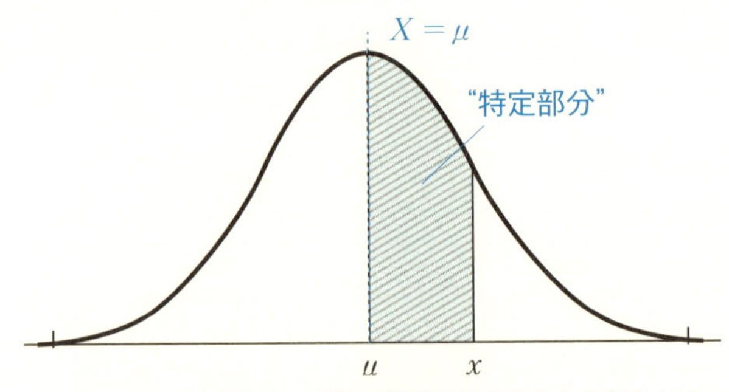

▲図5-5-6　特定部分の面積は標準正規分布表から得られる

この値は、グラフの一部分の「**面積**」ととらえることができますが、確率変数が特定の範囲の値を取る「**確率**」と考えることもできます。さらに、その範囲の値を取るXの全体に占める「**割合**」と理解することもできます。ヒストグラムのところで注意したように、正規分布曲線と横軸で囲まれる山型の部分全体の面積は常に1なので、その一部分の面積は確率と見ることができるのです。

例えば、先ほどの男子生徒の身長を確率変数としたときの確率分布の場合、身長が168cm以上171cm以下の生徒がグラフで占める面積が0.3413であるととらえることができますが、この集団から任意に生徒を1人選んだときに、その生徒の身長がこの範囲にある確率が0.3413であると考えることもできます。さらに、生徒全体の34.13％がこの範囲の身長を持つ生徒であると解釈することもできます。

確率分布では$P(X=a)=0$と考えます。つまり、Xがちょうどaという値を取る確率は考えないこととし、ある範囲の値を取る確率だけを考えるのです。したがって、$P(X \geqq a)=P(X>a)$です。

全体の中の位置を推測する

クラス全体とか、国民全体とかいう大きな集団の中で、自分がどこらへんの"位置"いるかを知りたいとき、その集団が正規分布に従っていれば、平均値と標準偏差で、ある程度の推測が可能です。

(例題)

A君は英語の全国統一模擬テストを受けたところ80点を取りました。受験者総数12000人、平均点57点、標準偏差12点でした。

(1) A君は上位何位にいるか。

(2) 50点以上70点以下の受験生は何割いるか。

(3) 40点以下の受験生は何割いるか。

(解答)

この模擬テストの得点が正規分布に従うとします。

(1) A君の成績が80点ですから、「80点以上の受験生の割合」を求めるため、グラフ右すそ野の色付き部分の面積を求めます（図5−5−7)。まず、80点が平均点57点から何点離れているかを、「**d= 得点 − 平均点**」で計算します。

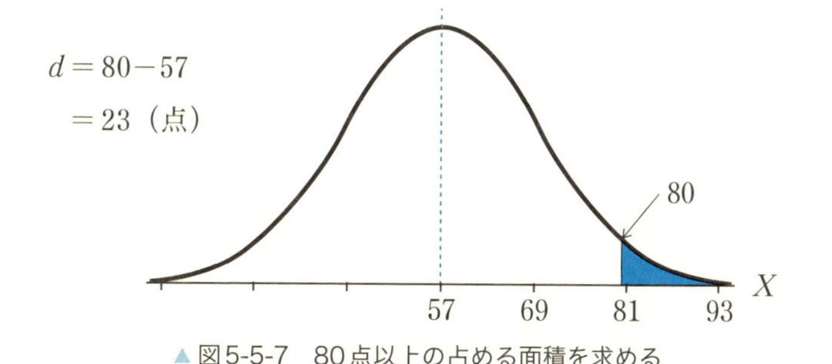

▲図5-5-7 80点以上の占める面積を求める

ここで、dの値は「平均点 − 得点」ではないということに注意します。dの値がプラスであれば成績は"よい"方に離れていて、マイナスであれば"悪い"方に離れているわけで、dの符号に意味を持たせています。

次に、標準化の式によりdが標準偏差12点の何倍かを、「$z=\frac{d}{\sigma}$」で計算します。

$$z=\frac{23}{12}$$
$$\fallingdotseq 1.92$$

z	0.00	0.01	0.02	0.03	0.04	0.05	0.06	0.07	0.08	0.09
0.0	0.0000	0.0040	0.0080	0.0120	0.0160	0.0199	0.0239	0.0279	0.0319	0.0359
0.1	0.0398	0.0438	0.0478	0.0517	0.0557	0.0596	0.0636	0.0675	0.0714	0.0753
0.2	0.0793	0.0832	0.0871	0.0910	0.0948	0.0987	0.1026	0.1064	0.1103	0.1141
0.3	0.1179	0.1217	0.1255	0.1293	0.1331	0.1368	0.1406	0.1443	0.1480	0.1517
0.4	0.1554	0.1591	0.1628	0.1664	0.1700	0.1736	0.1772	0.1808	0.1844	0.1879
0.5	0.1915	0.1950	0.1985	0.2019	0.2054	0.2088	0.2123	0.2157	0.2190	0.2224
0.6	0.2257	0.2291	0.2324	0.2357	0.2389	0.2422	0.2454	0.2486	0.2517	0.2549
0.7	0.2580	0.2611	0.2642	0.2673	0.2704	0.2734	0.2764	0.2794	0.2823	0.2852
0.8	0.2881	0.2910	0.2939	0.2967	0.2995	0.3023	0.3051	0.3078	0.3106	0.3133
0.9	0.3159	0.3186	0.3212	0.3238	0.3264	0.3289	0.3315	0.3340	0.3365	0.3389
1.4	[illegible]	[illegible]	0.4222	[illegible]	[illegible]	[illegible]	[illegible]	[illegible]	[illegible]	[illegible]
1.5	0.4332	0.4345	0.4357	0.4370	0.4382	0.4394	0.4406	0.4418	0.4429	0.4441
1.6	0.4452	0.4463	0.4474	0.4484	0.4495	0.4505	0.4515	0.4525	0.4535	0.4545
1.7	0.4554	0.4564	0.4573	0.4582	0.4591	0.4599	0.4608	0.4616	0.4625	0.4633
1.8	0.4641	0.4649	0.4656	0.4664	0.4671	0.4678	0.4686	0.4693	0.4699	0.4706
1.9	0.4713	0.4719	0.4726	0.4732	0.4738	0.4744	0.4750	0.4756	0.4761	0.4767
2.0	0.4772	0.4778	0.4783	0.4788	0.4793	0.4798	0.4803	0.4808	0.4812	0.4817
2.1	0.4821	0.4826	0.4830	0.4834	0.4838	0.4842	0.4846	0.4850	0.4854	0.4857
2.2	0.4861	0.4864	0.4868	0.4871	0.4875	0.4878	0.4881	0.4884	0.4887	0.4890
2.3	0.4893	0.4896	0.4898	0.4901	0.4904	0.4906	0.4909	0.4911	0.4913	0.4916
2.4	0.4918	0.4920	0.4922	0.4925	0.4927	0.4929	0.4931	0.4932	0.4934	0.4936
2.5	0.4938	0.4940	0.4941	0.4943	0.4945	0.4946	0.4948	0.4949	0.4951	0.4952
2.6	0.4953	0.4955	0.4956	0.4957	0.4959	0.4960	0.4961	0.4962	0.4963	0.4964
2.7	0.4965	0.4966	0.4967	0.4968	0.4969	0.4970	0.4971	0.4972	0.4973	0.4974
2.8	0.4974	0.4975	0.4976	0.4977	0.4977	0.4978	0.4979	0.4979	0.4980	0.4981
2.9	0.4981	0.4982	0.4982	0.4983	0.4984	0.4984	0.4985	0.4985	0.4986	0.4986
3.0	0.4987	0.4987	0.4987	0.4988	0.4988	0.4989	0.4989	0.4989	0.4990	0.4990

▲表5-5-3　標準正規分布表で「$z=1.92$」に対応する値を求める標準正規分布表

$z\fallingdotseq 1.92$から、標準正規分布表の中に「0.4726」を見出します。

これは、グラフの$z=0$から$z=1.92$までの範囲にある部分の面積ですから、グラフの対称軸より右半分の面積からこの値を差し引けば、図の色付き部分の面積から80点以上の受験生の割合が求められます。ここで、グラフは左右対称で、全面積は1でしたから、グラフの右半分の面積は$\frac{1}{2}=0.5$です。したがって、求める図の色付き部分の面積は次の式で得られます。

$$p=0.5-0.4726$$
$$=0.0274$$

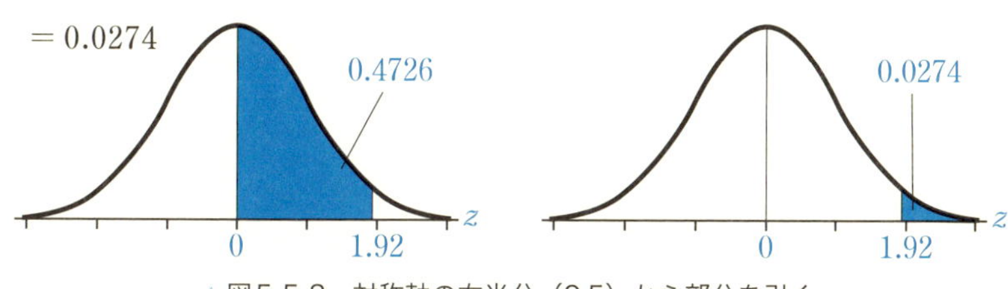

▲図5-5-8　対称軸の右半分（0.5）から部分を引く

つまり、80点以上の受験生の割合は0.0274＝2.74％です。このことから、A君の成績80点以上を持つ生徒は全体の2.74％いることが分かり、受験者総数が12000人ということから、次の式でA君が上位何位くらいにいるかが分かります。

$$12000\times0.0274\fallingdotseq329\quad(\text{位})$$

(2)　50点以上70点以下の受験生は何割くらいいるでしょう。

この場合は、50点から57点の範囲と、57点から70点の範囲に分けて考えます。

57点から70点の範囲の割合（面積）は（1）の前半と同様な手順で求められます。

$$d_1=70-57$$
$$=13$$
$$z_1=\frac{d_1}{\sigma}$$
$$=\frac{13}{12}$$
$$\fallingdotseq1.08$$
$$p_1=0.3599\ (\text{表}5-5-2\text{より})$$

第5章　確率分布 ～統計への入り口～

50点から57点の範囲はグラフの対称軸の左側ですが、「**正規分布曲線が左右対称である**」ことを考慮すれば、57点から64点の範囲の割合（面積）と同じであることが分かります。

$$d_2 = 50 - 57$$
$$= -7$$
$$z_2 = \frac{d_2}{\sigma}$$
$$= \frac{-7}{12}$$
$$\fallingdotseq -0.58$$

ここで、z_2はマイナスの値「−0.58」を取りましたが、グラフは左右対称なので、表5−5−2の「0.58」の値を見て「0.2190」という値から、p_2=0.2190とします。

以上から、50点以上70点以下の受験生の割合は、次の式で求められます。

$$p = p_1 + p_2$$
$$= 0.3599 + 0.2190$$
$$= 0.5789$$
$$= 57.89\%$$

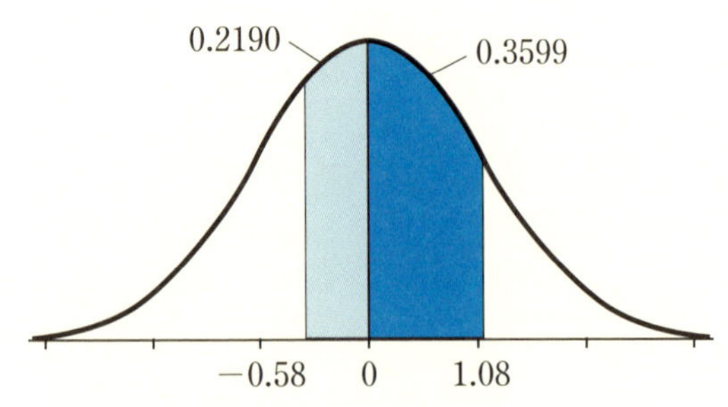

▲図5-5-9　対称軸の両側の色付き部分の面積を加える

(3) 40点以下の受験生は何割くらいいるでしょう。

40点以下の受験生は、グラフの左側すそ野の部分を占めますから、基本的には (1) と同じ手順で考えます。

$$d = 40 - 57$$
$$= -17 \text{（点）}$$
$$z = \frac{d}{\sigma}$$
$$= -\frac{17}{12}$$
$$\fallingdotseq -1.42$$

表5−5−2で、$z = 1.42$から0.4222を得ます。

$$p = 0.5 - 0.4222$$
$$= 0.0778$$
$$= 7.78\%$$

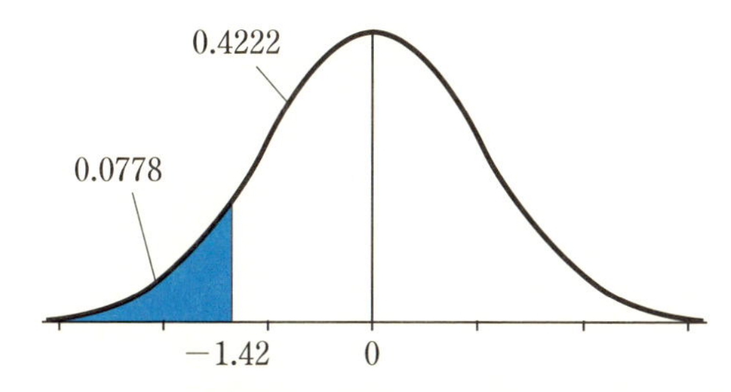

▲図5-5-10 対称軸の左側全体（面積0.5）から部分（面積0.0778）を引く

（解答了）

第5章 確率分布 〜統計への入り口〜

5-6 二項分布の正規近似

反復試行の回数を増やす

5-3節で紹介した二項分布は、同じ試行をn回繰り返すとき、毎回pという決まった確率で起こる事象が、n回中に起こる回数を確率変数Xとした確率分布です。この分布曲線は山型のグラフになりますが、$p=0.5$でない場合は左右対称にはなりません。ところが、試行回数nを大きくするにしたがって、$p \fallingdotseq 0.5$でもしだいに左右対称に近づきます。

例えば、サイコロをn回投げて、そのうち1の目の出る回数を確率変数Xにしたとき、$n=10$、20、50の分布曲線を図示すると図5−6−1のようになります。

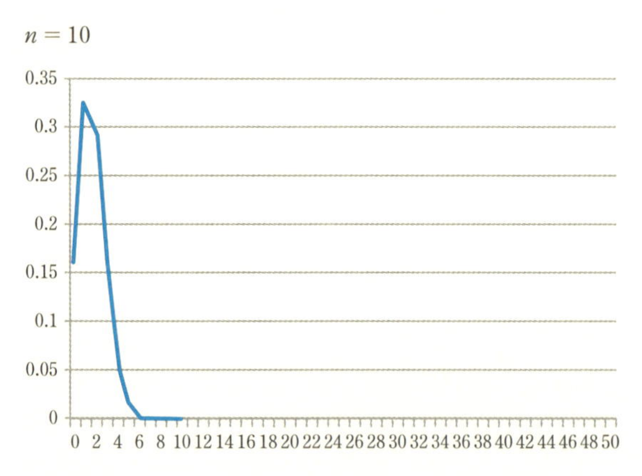

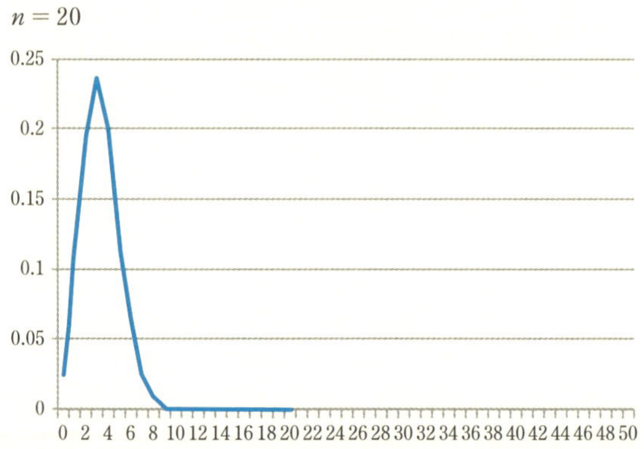

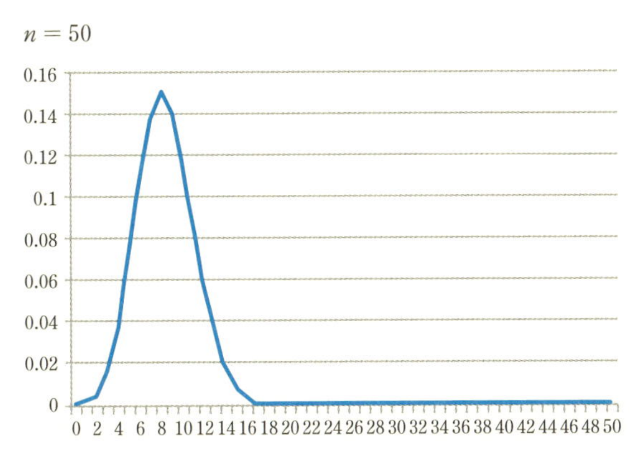

▲図5-6-1　試行回数nを10、20、50としたときの、サイコロの1の目の出る回数Xの確率分布曲線

確率分布曲線の形は次第に左右対称の山型に近づき、nが十分大きいと正規分布に近づくことが知られています。

説明は省略しますが、毎回の試行で事象Aが起こる確率がpであるとき、この試行をn回繰り返したときに事象Aの起こる回数Xを確率変数とすれば、Xは二項分布に従い、平均値$E(X)$、分散$V(X)$、標準偏差$\sigma(X)$は次の式で得られます。

$$E(X) = np$$

$$V(X) = npq \quad (q = 1 - p)$$

$$\sigma(X) = \sqrt{npq}$$

例として、サイコロを50回投げたときに1の目の出る回数を確率変数Xとしたとき、この事実を確認してみましょう。Xは、$n=50$、$p=\frac{1}{6}$、$q=\frac{5}{6}$の二項分布にしたがうので、平均値$E(X)$、分散$V(X)$、標準偏差$\sigma(X)$は次の式で与えられます。

$$E(X) = np$$

$$= 50 \times \frac{1}{6}$$

$$\fallingdotseq 8.3$$

$$V(X) = npq$$

$$= 50 \times \frac{1}{6} \times \frac{5}{6}$$

$$\fallingdotseq 6.9$$

$$\sigma(X) = \sqrt{6.9}$$

$$\fallingdotseq 2.6$$

そこで、この二項分布に従うXの確率分布曲線と、平均値$E(X)=8.3$、標準偏差$\sigma(X)=2.6$の正規分布曲線を並べてみると、図5−6−3に示すように、よく似ていることが分かります。

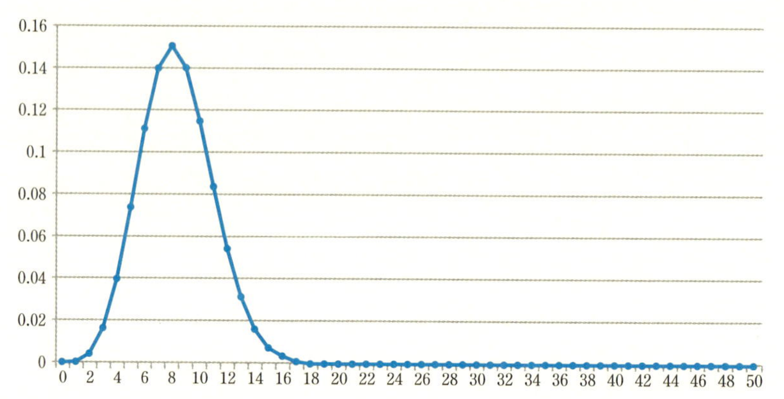

▲図5-6-2　サイコロを50回投げたときに1の目の出る回数を確率変数Xにしたときの二項分布曲線

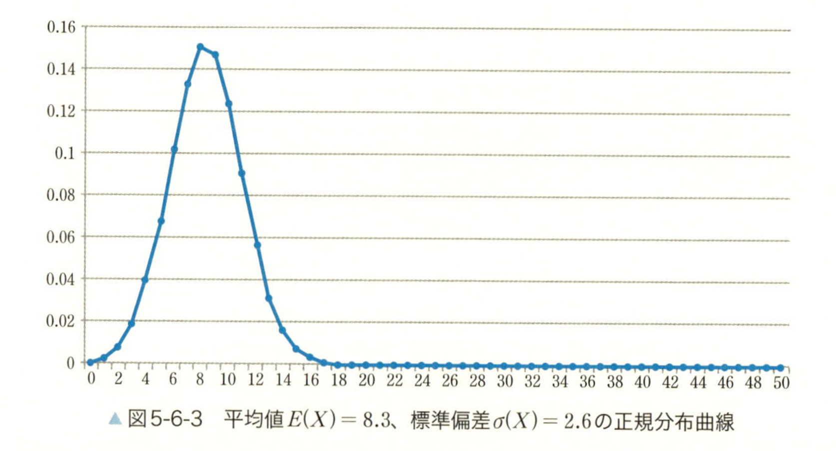

▲図5-6-3　平均値$E(X)=8.3$、標準偏差$\sigma(X)=2.6$の正規分布曲線

発芽率を推測する

発芽率が80％の種を300粒まいたとき、実際に発芽する種の粒数Xが二項分布に従うとすれば、250粒以上が芽を出す確率はどのくらいでしょう。

250粒以上芽が出る場合の確率を、250粒の場合、251粒の場合、……と求めるのは大変です。そこで、二項分布を正規近似して標準正規分布表から求めることにします。

Xは、$n=300$、$p=0.8$の二項分布に従うので、平均値$\mu=300\times0.8=240$、標準偏差$\sigma=\sqrt{300\times0.8\times(1-0.8)}=\sqrt{48}=4\sqrt{3}$です。そこで、確率変数$X$が平均値240、標準偏差$4\sqrt{3}\fallingdotseq6.9$の正規分布に従うと仮定して、$X$が250以上の値を取る確率$P(X\geqq250)$を求めます。

$$
\begin{aligned}
d &= 250-240 \\
&= 10 \\
z &= \frac{d}{\sigma} \\
&= \frac{10}{6.9} \\
&\fallingdotseq 1.45
\end{aligned}
$$

表5－5－2より$z=1.45$から0.4265を得ます。

$$
\begin{aligned}
P(X\geqq250) &= 0.5-0.4265 \\
&= 0.0735 \\
&= 7.35\%
\end{aligned}
$$

確率は統計の基礎

確率は試行の結果としての事象の起こり方の度合をとらえる量として考え出されました。そして、試行の繰り返しという考え方を取り入れ、事象の**起こり方の変化を確率変数でとらえる**ことにしました。さらに、集団を構成する要素の持つ特性（身長、体重、成績など）が、**どのような割合で存在するかを確率分布という概念でとらえる**ことにしました。

自然界では正規分布という確率分布が支配していることが多く、これは平均値と標準偏差という、たった2つの量で決定されることが知られています。このことを利用して、**統計学**における「**区間推定**」や「**仮説検定**」などの手法が生み出されました。

確率は「賭け事」の歴史と関係が深いといわれていますが、それをベースに置く統計解析は、現代では「ビックデータ」から様々な特性や傾向を読み解く「データサイエンス」に欠かせないツールとなっています。

INDEX

記号・英字

! ……44
∈ ……16
∩ ……17, 89
∪ ……17, 89
⊂ ……16, 89
⊆ ……16, 89
⊃ ……16
⊇ ……16
φ ……18, 89
Ω ……19
$\overline{A}$ ……19, 89
${}_n\mathrm{C}_r$ ……42
${}_n\mathrm{P}_r$ ……37
${}_n\Pi_r$ ……39
$P(A)$ ……80
$P_A(B)$ ……92
U ……19, 89

あ行

一般項……75
円周率……175
円順列……51
オメガ……19

か行

外延的記法……15
階級……173
階級の幅……173
階乗……44
階乗による表現……45
ガウス分布……174
確率……10, 132, 178
確率分布……164
確率分布曲線……164
確率分布グラフ……164
確率変数……158, 164
かけ算……32
仮説検定……188
カップ……17
加法定理……90
環状……51
期待金額……156, 159
期待値……156, 158
キャップ……17
共通部分……17, 89
空事象……80, 89
空集合……18, 89
区間推定……188
組合せの数……41
経験的確率……11
元……15
原因の確率……128
ゴルトン盤……167
根元事象……14

さ行

散布度……169

INDEX

試行……80, 103
事後確率……127, 135
事象……13
指数……48
事前確率……127, 135
従う……166
集合……15
集合系……25
集合族……25
樹形図……28
じゅず順列……53
出現確率……174
順番を区別……36
順列……37
順列の数……36
順列を分解……47
条件付き確率……92
条件の否定……98
乗法……32
乗法定理……92
真部分集合……16
数学的確率……11, 80
数学的帰納法……154
スケール……132
スパムメールフィルタ……146
「スミス氏の子供」問題……144
正規近似……184
正規分布……173, 174
正規分布曲線……182
正規分布表……176
積事象……85, 89
積の法則……32
全事象……13, 89
全体……13
全体集合……19, 89
素因数分解……48
相対度数……173
総和は1……174
存在の確率……128

た行

大数の法則……12
代表値……159
互いに素……23
多項定理……45
重複順列……40
通常の順列……51
ド・モルガンの法則……20
統計学……188
統計的確率……11
独立……103
度数……173
度数分布表……173

な行

ナイーブベイズ分類……150
内包的記法……15
二項係数……70

二項定理……74
二項分布……166
ネピアの定数……175

は行

場合の数……13
排反……90
パスカルの三角形……71
ばらつき……169
反復試行……106
ヒストグラム……174
ビックリマーク……44
標準化……177
標準正規分布表……176
標準偏差……169, 170
部分事象……14
部分集合……16, 89
分散……169, 170
平均値……156, 158
ベイジアンフィルタ……146
ベイズの定理……128, 129, 134
ベキ集合……26
部屋割り問題……64
偏差……170
ベン図……16
補集合……19, 89
「ポリアの壺」問題……152, 153

ま行

まとまりを区別……41
無限集合……23
無限等比数列の和……116
迷惑メール……146
メディアン……159
面積……178
モード……159
モンティ・ホールの問題……120

や行

約分……46
有限集合……23
要素……15
余事象……86, 89, 96

ら行・わ行

離散値……173
理論的確率……11
連続値……173
和事象……85, 89
和集合……17, 89
和の法則……31
割合……178

【著者】
小泉　力一（こいずみ　りきいち）
尚美学園大学教授。1952年生まれ。立教大学理学部数学科卒業、同大学院理学研究科博士課程後期単位取得退学。都立高校教諭、都総合技術教育センター専門教育主事を経て2005年より現職。専門は、教育工学（情報教育、情報科教育）、数学教育。

装丁 ● 小山巧（志岐デザイン事務所）
カバーイラスト ● ゆずりはさとし
本文 ● BUCH+
本文イラスト ● ふじたきりん

●本書へのご意見、ご感想は、技術評論社ホームページ（http://gihyo.jp/）または以下の宛先へ書面にてお受けしております。電話でのお問い合わせにはお答えいたしかねますので、あらかじめご了承ください。

〒162-0846
東京都新宿区市谷左内町21-13
株式会社技術評論社書籍編集部
『確率がわかる』係

ファーストブック
確率（かくりつ）がわかる

2017年 3月21日　初版　第1刷発行

著　者　小泉力一（こいずみりきいち）
発行者　片岡 巌
発行所　株式会社技術評論社
東京都新宿区市谷左内町 21-13
電話　03-3513-6150 販売促進部
03-3267-2270 書籍編集部
印刷／製本　港北出版印刷株式会社

定価はカバーに表示してあります。

ISBN978-4-7741-8806-5 C3041
Printed in Japan